NORBERT MESSING

Das Gesundheits-Adreßbuch

Anlaufstellen für konkreten Rat und praktische Hilfe

Verlag Ganzheitliche Gesundheit

1. Auflage 1988

Gestaltung: Atelier Fritzen
Satz, Herstellung und Druck: Caro Druck GmbH/Frankfurt

ISBN 3-927124-04-4

Einleitung

Mit unserer Gesundheit ist es ähnlich wie mit dem Glück. Dies will nicht etwa heißen, daß wir »Glück gehabt« haben, wenn es uns wohlergeht. Im Gegenteil: die meisten Denker waren und sind sich darüber einig, daß Glück nur eine »*Nebenfolge*« ist, eine begleitende Wirkung »sinnvoller, gekonnter Tätigkeiten, mit denen im Regelfall Mühen verbunden sind« (H. Lübbe). Die *Hauptsache* beim Umgang mit unseren körperlich-geistigen Gaben ist also das stete zweckmäßige und verständige Handeln — und dies gilt in ganz besonderer Weise für unsere Gesundheit.

Am deutlichsten wird dies auf dem Sektor der Gesundheitsvorsorge. Nehmen wir nur einmal das Beispiel des Herzinfarktes: Zu den Risikofaktoren, die ein solches Ereignis begünstigen, gehören Zigarettenrauchen, Übergewicht, hoher Blutdruck, Fehlernährung, Bewegungsmangel u.ä. — und über all diese Faktoren (mit Ausnahme möglicher erblicher Komponenten bei manchen Menschen) entscheiden wir selbst tagaus tagein durch unser Handeln und unsere Lebensgewohnheiten.

Genauso jedoch, wie die Gesundheit nur aktiv behauptet und erhalten werden kann, werden körperliche Leiden nur durch eine Änderung der Lebensgewohnheiten, die uns krankgemacht haben, wieder beseitigt und auf Dauer ferngehalten.

Denn wir haben in diesem Jahrhundert erleben müssen, daß alle Erfolge von Pharmazie und modernster technisierter Medizin keine Gesundheit »erzeugen« können, sondern im wesentlichen nur Krankheitssymptome meisterhaft zu lindern und mit wachsender Perfektion Schäden auszubessern in der Lage sind.

Da man dies auch in der »etablierten« Medizin immer deutlicher sieht, werden wir in Zukunft von der zutiefst allzumenschlichen Vorstellung ablassen müssen, daß wir eine Hilfe passiv von außen erwarten können (*das* Heilmittel gegen Krebs, gegen Rheuma, gegen die Multiple Sklerose usw.).

Ein jeder, der dieses Buch in die Hand nimmt, ist bereits auf dem Weg zu der sich daraus ergebenden selbstbestimmten, eigenverantwortlichen und aktiven Gesundheitspflege.

So facettenreich im einzelnen die Angebote der verschiedenen Kontaktstellen auch sein mögen, so vielfältig die Themen und so unterschiedlich die Problemlösungen ausfallen mögen, die in unserem Adreßbuch versammelt sind: die verbindende Klammer zwischen den meisten Initiativen und Organisationen ist ein Appell an die Aktivität.

Dabei besteht der **erste Schritt** darin, unser Schicksal (gemeinsam mit anderen) in die eigenen Hände zu nehmen, also tätig zu werden. Sodann schließt sich als **zweite Stufe** die Schulung in wirklicher Lebenskunst an, und zwar durch das Erschließen zahlreicher Informationsquellen, durch die Erfahrung und das Engagement ähnlich gesinnter Menschen.

Und an dieser Stelle sollte noch einem der hartnäckigsten Mißverständnisse begegnet werden: Wer gesund lebt hat alles andere im Sinn als sich zu kasteien oder selbstverleugnende Abstinenz von Genüssen zu üben. Wer gesund lebt befindet sich vielmehr auf einem Weg, an dessen Rändern mit einiger Wahrscheinlichkeit (denn nicht alle Wechselfälle des Geschicks sind von uns beeinflußbar) Glück und Freude anstelle von Sorge, Hilflosigkeit und Abhängigkeit erwachsen. Denn nicht weniger als 9/10 unseres Lebensglückes, so erkannte schon Arthur Schopenhauer in seinen »Aphorismen zur Lebensweisheit«, beruhen nun einmal auf der Voraussetzung körperlich-seelischer Gesundheit.

Einige grundsätzliche Hinweise

Das »Gesundheits-Adreßbuch« will Ihnen Anregungen geben, sich selbst näher und intensiver auf den Problemfeldern zu engagieren, die Ihnen am Herzen liegen.

So gut wie alle aufgeführten Kontakt- und Anlaufstellen geben bereitwillig und ausführlich Auskunft über ihre Aktivitäten und Angebote und sind auch bereit, auf individuelle Gegebenheiten und Wünsche einzugehen.

Da es sich meist um Vereine handelt, die sich ohne öffentliche Förderung selbst finanzieren müssen, sollte im Regelfall den Anfragen *Rückporto* beigefügt werden. Noch mehr erleichtert es Ihren Ansprechpartnern die Arbeit, wenn Sie Ihrer Informationsanfrage gleich ein Kuvert (am besten DIN A 5) beilegen, das frankiert (ca. DM 0,80 bis 1,10) und mit Ihrer Anschrift versehen sein sollte.

Das Adreßbuch ist wie ein Lexikon (von A bis Z) aufgebaut; sollten Sie ein von Ihnen gesuchtes Stichwort vermissen — nehmen wir einmal das Beispiel »Neurodermitis« —, so sehen Sie bitte im Register ab Seite 121 nach. Hier finden Sie dann den Hinweis *Neurodermitis* → Allergien, Hauterkrankungen. Nun müssen Sie nur noch unter den angegebenen Stichworten Allergien bzw. Hauterkrankungen im Adreßbuch die gewünschten Anlaufstellen nachschlagen.

Und schließlich: Unser Adreßbuch wird ständig aktualisiert; wir freuen uns deshalb über alle Informationen zu neugegründeten Vereinen und Initiativen sowie über die Mitteilung aktueller Veränderungen der vorhandenen Angaben. Bitte wenden Sie sich hierzu an:

Verlag Ganzheitliche Gesundheit
— Redaktion Adreßbuch —
Postfach 1116
7254 Hemmingen
Telefon 07150/5828

Ärzte

Ärztekammern, Kassenärztliche Vereinigungen

Bundesärztekammer und **Kassenärztliche Bundesvereinigung,** Postfach 410220, **5000 Köln 41,** ☎ 0221/4004-0.

Ärztekammer Berlin, Klaus-Groth-Str. 3, **1000 Berlin 19,** ☎ 030/30301-0.

Kassenärztliche Vereinigung Berlin, Bismarckstr. 95-96, **1000 Berlin 12,** 030/31003-1.

Ärztekammer Hamburg und **Kassenärztliche Vereinigung Hamburg,** Humboldtstr. 56, **2000 Hamburg 76,** ☎ 040/228021.

Ärztekammer Schleswig-Holstein, Bismarckallee 8-12, **2360 Bad Segeberg,** ☎ 04551/803-0.

Kassenärztliche Vereinigung Schleswig-Holstein, Bismarckallee 1-3, **2360 Bad Segeberg,** ☎ 04551/890.

Ärztekammer Bremen, Schwachhauser Heerstr. 24, **2800 Bremen 1,** ☎ 0421/340051.

Kassenärztliche Vereinigung Bremen, Schwachhauser Heerstr. 26-28, **2800 Bremen 1,** ☎ 0421/340051.

Ärztekammer Niedersachsen und **Kassenärztliche Vereinigung Niedersachsen,** Berliner Allee 20, **3000 Hannover 1,** ☎ 0511/3490-0 bzw. ☎ 0511/3494-1.

Ärztekammer Nordrhein, Tersteegenstr. 31, **4000 Düsseldorf,** 0211/43020.

Kassenärztliche Vereinigung Nordrhein, Emanuel-Leutze-Str. 8, **4000 Düsseldorf 11,** ☎ 0211/5970-0.

Ärztekammer Westfalen-Lippe, Kaiser-Wilhelm-Ring 4, **4400 Münster,** ☎ 0251/37500.

Kassenärztliche Vereinigung Westfalen-Lippe, Westfalendamm 45, **4600 Dortmund 1,** ☎ 0231/4107-0.

Landesärztekammer Hessen, Broßstr. 6, **6000 Frankfurt/Main,** ☎ 069/79480.

Kassenärztliche Vereinigung Hessen, Georg-Voigt-Str. 15, **6000 Frankfurt/Main 97,** ☎ 069/79201.

Landesärztekammer Rheinland-Pfalz, Deutschhausplatz 3, **6500 Mainz,** ☎ 06131/225831.

Kassenärztliche Vereinigung Koblenz, Emil-Schüller-Str. 14/16, **5400 Koblenz,** ☎ 0261/390020.

Kassenärztliche Vereinigung Trier, Balduinstr. 10-14, **5500 Trier,** ☎ 0651/45011.

Kassenärztliche Vereinigung Rheinhessen, Hindenburgstr. 32, **6500 Mainz,** ☎ 06131/676024.

Kassenärztliche Vereinigung Pfalz, Maximilianstr. 22, **6730 Neustadt/Weinstraße,** ☎ 06321/8930.

Ärztekammer des Saarlandes und **Kassenärztliche Vereinigung Saarland,** Faktoreistr. 4, **6600 Saarbrücken 3,** ☎ 0681/40030.

Landesärztekammer Baden-Württemberg, Jahnstr. 40, **7000 Stuttgart 70,** ☎ 0711/765024.

Kassenärztliche Vereinigung Nordwürttemberg, Albstadtweg 11, **7000 Stuttgart 80,** ☎ 0711/78750.

Kassenärztliche Vereinigung Südwürttemberg, Wächterstr. 76, **7400 Tübingen,** ☎ 07071/5609-0.

Kassenärztliche Vereinigung Nordbaden, Kesslerstr. 1, **7500 Karlsruhe 21,** ☎ 0721/59610.

Kassenärztliche Vereinigung Südbaden, Sundgauallee 27, **7800 Freiburg,** ☎ 0761/884-0.

Bayerische Landesärztekammer und **Kas-**

senärztliche Vereinigung Bayerns, Mühlbauerstr. 16, **8000 München 80**, ☎ 089/4147-1.

Bundesvereinigung Deutscher Ärzteverbände (BDÄ), Belfortstr. 9, **5000 Köln 1**, ☎ 0221/727072.

Hartmannbund, Verband der Ärzte Deutschlands e.V., Godesberger Allee 54, **5300 Bonn 2**, ☎ 0228/8104-0.

Ärzte, alternativ

Fraktion Gesundheit (in der Ärztekammer Berlin), Lankwitzer Str. 11, **1000 Berlin 11**, ☎ 030/7724858.

Ärztebund für **Umwelt- und Lebensschutz**, Borntalstr. 11, **3406 Reyershausen**, ☎ 05594/1733 + 9551/794021.

Verband Deutscher **Badeärzte** e.V., Elisabethstr. 7, **4970 Bad Oeynhausen**, ☎ 05731/21203.

Verein **demokratischer Ärztinnen und Ärzte** e.V. (VDÄÄ), Kurfürstenstr. 18, **6000 Frankfurt/Main**, ☎ 069/779366.
Der VDÄÄ hat sich Ende 1986 bundesweit konstituiert. Damit wurde ein erster Schritt getan, um auf gegenwärtige und zukunftsbestimmende Fragen einer humanen und sozialen Medizin alternative Antworten zu geben und Handlungsperspektiven zu entwickeln.
Viele zentrale Probleme unserer Zeit erfordern eine Neuorientierung. Dazu gehört die zunehmende Bedrohung von Gesundheit und Leben der Menschen durch die *Lebens-, Arbeits- und Umweltbedingungen*; der immer stärker werdende Zugriff der *pharmazeutischen und apparativen Industrie* auf die gesamte medizinische Versorgung; Versuche zur *Militarisierung der Medizin* vor dem Hintergrund einer möglich gewordenen atomaren Katastrophe.
Bei der erforderlichen grundlegenden Reform des Gesundheitswesens geht es um eine durchgreifende Demokratisierung (Gleichberechtigung zwischen Arzt und Patient, gleiche Chancen für Ärztinnen). Gleichzeitig muß in der Medizin der Gedanke der Vorsorge und Ursachenforschung Vorrang erhalten, und die Medizin darf nicht stumm bleiben gegenüber der zunehmenden Belastung der Umwelt durch Schadstoffe (so fordert der VDÄÄ u.a. eine Weiterbildung zum »Arzt für Umweltmedizin«).

Internationale Ärzte für die **Verhütung des Atomkrieges** (IPPNW), Geschäftsstelle, Bahnhofstr. 24, **6501 Heidesheim**, ☎ 06132/59329.
(Siehe auch unter Stichwort »Atom... und die Folgen«).

Gesellschaft der Ärzte für **Erfahrungsheilkunde** e.V. und Gesellschaft der **Mayr-Ärzte**, Postfach 102840, **6900 Heidelberg 1**, ☎ 06221/49974-7.

Gesellschaft **Anthroposophischer Ärzte**, Postfach 750221, **7000 Stuttgart 75**, ☎ 0711/471501.

Zentralverband der Ärzte für **Naturheilverfahren**, Bismarckstr. 3, **7290 Freudenstadt**, ☎ 07441/2151.

Deutscher Zentralverein **homöopathischer Ärzte** e.V., Linkenheimer Landstr. 113, **7500 Karlsruhe 31**, ☎ 0721/385878.

Ökologischer Ärztebund e.V., Bundesgeschäftsstelle, Klaus-Uwe Kroeker, Kurhaus, **8117 Bayersoien**, ☎ 08845/616.
Der Bund wurde im Oktober 1987 in Nürnberg gegründet. In einer Resolution

wurde u.a. festgestellt: »Die Lebensgrundlagen Luft, Wasser, Boden samt Vegetation sind durch menschliche Eingriffe in die Natur weltweit bedroht. Wir leben und wirken maßlos auf Kosten der Schöpfung und beschwören durch hemmungsloses Manipulieren an Atomen und Genen die Gefahr der Vernichtung des Lebens herauf«.
Die Forderungen des Bundes lauten: Keine Einleitung schädlicher Stoffe in Luft, Wasser und Boden; keine Verwendung gefährlicher Pestizide bei uns und in der 3. Welt; wirksamere Maßnahmen gegen das Waldsterben; Umkehr der Beweislast bei Gesundheits- und Umweltschäden sowie Verbandsklagerecht; keine Kernkraftnutzung sondern Förderung alternativer Energiekonzepte; keine Produktion und Lagerung von ABC-Waffen; Kennzeichnungspflicht der Radioaktivität und der Zusatzstoffe in Nahrungsmitteln; Förderung der biologischen Landwirtschaft und dezentrale Vermarktung; Verbot der Werbung für Tabakwaren; keine gewaltverherrlichenden Darstellungen in den Massenmedien.

Bundesverband der Ärzte für **Naturheilverfahren,** Hainstr. 9, **8600 Bamberg,** ☎ 0951/27888-89.

Deutscher Verband **Langlaufender Ärzte** e.V., Prinzregentenstr. 1, **8900 Augsburg,** ☎ 0821/38267.
Das Jogging ist in den vergangenen Jahrzehnten besonders in den USA zu einer Volksbewegung geworden. Und es ist sicherlich kein Zufall, daß in Amerika die Zahl der Herz-Kreislauf-Todesfälle rückläufig ist, während sie in der BRD in den letzten Jahren auf einem viel zu hohen Niveau stagnierte.
Dies ist einer der Gründe, weshalb es sich der Deutsche Verband Langlaufender Ärzte e.V. zur Aufgabe gemacht hat, den Gesunden wie den Kranken zu aktivieren, zur Gesunderhaltung und Genesung in eigener Verantwortung beizutragen. Dabei gilt das Hauptinteresse des Verbandes der Vorsorge oder Prävention von Krankheiten, aber auch der Rehabilitation. Man versteht sich als Gesundheitsberater, der durch eigenes Ausüben eines Ausdauersportes beispielgebend sein und die postiven gesundheitlichen Wirkungen des Ausdauersportes demonstrieren will — denn die stärkste Überzeugungskraft geht vom Vorbild aus. Um eine wirksame Gesundheitserziehung zu erzielen, führt der Verband in der gesamten BRD für die Bevölkerung öffentliche (kostenlose) Fortbildungs-, Diskussions- und Laufveranstaltungen durch, in deren Rahmen den Teilnehmern Regeln und Ratschläge für ein gesundes Leben gegeben werden, Gesundheitsrisiken rechtzeitig zu erkennen und ihnen nach besten Kräften zu begegnen.
Ein Jahresprogramm mit einem vorläufigen Veranstaltungskalender kann bei der o.a. Anschrift angefordert werden.

Kneipp-Ärztebund, Postfach 1436, **8939 Bad Wörishofen,** ☎ 08247/7001.

AIDS

Keine andere Krankheit hat innerhalb kürzester Frist so viele (finanziellen) Hilfsmaßnahmen und Selbsthilfeinitiativen provoziert, wie die »erworbene Immunschwäche«. Da man die Infektion bis heute in keiner Weise heilen kann, kommt es vor allem darauf an, die Übertragungs-

wege für die Verbreitung des Erregers zu unterbrechen.

Deutsche AIDS-Hilfe e.V.

Bundesverband, Berliner Str. 37, **1000 Berlin 31**, ☎ 030/860651.

Die psychische und soziale Betreuung von Betroffenen ist heute oft von den üblichen medizinischen Einrichtungen aus Geld- und Personalmangel nicht ausreichend zu gewährleisten. Hier bietet die AIDS-Hilfe vor allem mit ihren ca. 40 lokalen Gruppen eine wertvolle Unterstützung an (Beratung, Betreuung von AIDS-Kranken, Gruppen, Fortbildung).

Die AIDS-Hilfe hat eine große Zahl aufklärender Broschüren herausgegeben und verschickt u.a. eine Liste von Stellen, die medizinische Beratung und AIDS-Tests anbieten (anonym, ohne Namensnennung). Außerdem gibt man Auskunft über Aktivitäten in den Bereichen Information, Aufklärung und Fortbildung.

Regionale AIDS-Hilfen gibt es in: **1000 Berlin 15** (Meinekestr. 12, ☎ 030/8825553), **2000 Hamburg 13** (Struensee Centrum, Hallerstr. 72, ☎ 040/441631), **2300 Kiel 1** (c/o Ludwig Boeckel, Saarbrücker Str. 177, ☎ 0431/687249 + 677799), **2400 Lübeck** (Postfach 1931, ☎ 0451/1225747), **2800 Bremen 1** (Friedrich-Karl-Str. 20 A, ☎ 0421/444947), **2900 Oldenburg** (Hackenweg 23, ☎ 0441/304151), **3000 Hannover 1** (Johannssenstr. 8, ☎ 0511/327772), **3300 Braunschweig** (Kurt-Schumacher-Str. 26, ☎ 0531/75902), **3400 Göttingen** (Postfach 1114, ☎ 0551/43735), **3500 Kassel** (c/o Matthias Wienold, Kohlenstr. 30, ☎ 0561/571490), **4000 Düsseldorf 1** (Kölner Str. 216, ☎ 0211/722049), **4100 Duisburg 1** (Musfeldstr. 163-166, ☎ 0203/666633), **4150 Krefeld** (Marktstr. 230, ☎ 02151/775020), **4300 Essen 1** (Varnhorststr. 17, ☎ 0201/236096-97), **4400 Münster** (Bahnhofstr. 15, ☎ 0251/44411), **4500 Osnabrück** (c/o DPWV, Kurt-Schumacher-Damm 8, ☎ 0541/47025), **4600 Dortmund 1** (Gerichtsstr. 5, ☎ 0231/551187), **4700 Hamm 5** (Rosa-Luxemburg-Str. 41, ☎ 02381/68041), **4708 Kamen** (Schäferstr. 38, ☎ 02307/73171), **4730 Ahlen** (Königstr. 9, ☎ 02382/4650), **4800 Bielefeld 1** (Stapenhorststr. 5, ☎ 0521/133388), **5000 Köln 1** (Hohenzollernring 48, ☎ 0221/249208), **5100 Aachen** (Bachstr. 27, ☎ 0241/532558), **5300 Bonn 1** (Rathausgasse 30, ☎ 0228/631468+69), **5500 Trier** (Paulinstr. 19, ☎ 0651/12700), **6000 Frankfurt/Main 1** (Eschersheimer Landstr. 9, ☎ 069/590012 + 5975577), **6200 Wiesbaden** (Kl. Schwalbacher Str. 14, ☎ 06121/309211), **6500 Mainz 1** (Hopfengarten 19, ☎ 06131/222275), **6600 Saarbrücken** (Großherzog Friedrich Str. 3, ☎ 0681/31112), **6800 Mannheim 1** (Jungbuschstr. 24, ☎ 0621/28600), **6900 Heidelberg** (Römerstr. 17a, ☎ 161700), **7000 Stuttgart 1** (Schwabstr. 44, ☎ 0711/610848), **7400 Tübingen** (Postfach 1122, ☎ 07071/34151), **7500 Karlsruhe 1** (Kronenstr. 2, ☎ 0721/691314), **7530 Pforzheim** (Schloßberg 10, ☎ 07231/101313), **7750 Konstanz** (Friedrichstr. 21, ☎ 07531/56062), **7800 Freiburg** (Eschholzstr. 19, ☎ 0761/276924), **8000 München 5** (Müllerstr. 44, Rückgebäude, ☎ 089/269040), **8500 Nürnberg 1** (Irrerstr. 2-6, ☎ 0911/209006/07), **8700 Würzburg** (Nigglweg 2, ☎ 0931/44467).

Robert-Koch-Institut, Nordufer 20, **1000 Berlin 65**, ☎ 030/4503-1.
(Institut des Bundesgesundheitsamtes).

AIFN (Aids-kranke Freunde der Naturheilkunde), c/o I. Dusch, Görlitzer Str. 38, **1000 Berlin 36,** ☎ 030/6188233.

Deutsches Grünes Kreuz, Schuhmarkt 4, **3550 Marburg/Lahn.**

Bundeszentrale für gesundheitliche Aufklärung

Postfach 910152, **5000 Köln 91,** ☎ 0221/892031.

Wer Fragen zu AIDS hat und sich beraten lassen will, kann die AIDS-Telefonberatung (Nummer wie oben aufgeführt) jeden Tag anonym von 8 bis 24 Uhr in Anspruch nehmen.

Die Bundeszentrale vermittelt darüber hinaus Beratungsstellen in der Nähe des Ratsuchenden und versendet auf Wunsch Informationsmaterial.

Deutscher **Ärzte-Verlag,** Postfach 400265, **5000 Köln 40.**

Der Verlag gibt Aids-Merkblätter für Ärzte heraus.

Deutsche **Stiftung zur Förderung der Gesundheit** (DSFG) e.V., Adenauerallee 11, **5300 Bonn 1,** ☎ 0228/220559.

Die DSFG macht es sich zur Aufgabe, die Arbeit der auf dem Gebiet der präventiven Medizin Tätigen zu koordinieren. Dabei ist es augenblicklich vornehmliches Ziel, mittels des Projekts »Partner im Kampf gegen AIDS« aktive Vorbeugung und kompetente Betreuung zu planen und unvoreingenommen, apolitisch und unbürokratisch rasch Hilfe anzubieten.

Nationaler AIDS-Beirat, Kennedyallee 105-107, **5300 Bonn 2,** ☎ 0228/3080.

Aids-Aufklärung e.V., Verein zur Förderung von Informationen über die HIV-Infektionen, Ludwig-Landmann-Str. 7, **6000 Frankfurt 90,** ☎ 069/762933 + 761055.

Aids-Informationsstelle, DRK-Kreisverband Karlsruhe, Stefanienstr. 72, **7500 Karlsruhe.**

Bayerische **AIDS-Stiftung,** Frauenlobstr. 9, **8000 München 2,** ☎ 089/5397-600.

Deutsche Vereinigung zur **Bekämpfung der Viruskrankheiten,** Pettenkoferstr. 9a, **8000 München 2.**

TIP:

Die Bundesvereinigung für Gesundheitserziehung e.V. (Viktoriastr. 28, 5300 Bonn 2, ☎ 0228/361548) versendet gegen Einsendung eines adressierten und frankierten Antwortumschlages (DM 1,40) eine **AIDS-Adressenliste** mit ärztlichen Beratungsstellen, Selbsthilfegruppen, Infostellen.

Alkohol

(siehe vor allem unter »Suchtkrankheiten«)

Bund gegen Alkohol im Straßenverkehr e.V., Alsterchaussee 17, **2000 Hamburg 13,** ☎ 040/440716.

Allergien

Nicht weniger als 25 Millionen Menschen leiden bei uns an Allergien, und allergieauslösende Stoffe (Allergene) gibt es in unübersehbarer Vielfalt überall in unserer Lebensumwelt (z.B. Pollen, Staub, Lebensmittel). Die dadurch ausgelösten

Krankheiten zeigen viele »Gesichter«: Heuschnupfen, Neurodermitis, Asthma oder Darmstörungen.
Als Ursachen vermutet man neben erblichen Veranlagungen die Zunahme neuentwickelter chemischer Stoffe im Arbeits- und Wohnbereich sowie weitere zivilisatorische Einflüsse. Für die letztgenannte Auffassung spricht u.a., daß fläschchenernährte Kleinkinder später allergieanfälliger sind als gestillte.

Neurodermitikerbund e.V., Mozartstr. 11, **2000 Hamburg 76,** ☎ 040/2205757.
Neurodermitis kann man (bis heute) zwar nicht heilen, wohl aber vermag man die Folgen zu lindern. Dazu bedarf es allerdings u.a. einer starken Interessenvertretung. So bildete sich aus einer Gruppe von Betroffenen in Hamburg schließlich der o.a. Bund. Die Ziele dieser Vereinigung sind: eine Verbesserung der Lebensqualität für den Kranken (durch Zusammenarbeit mit Heilberufen und gesellschaftlichen Institutionen); die Verbesserung der medizinischen und psychosozialen Versorgung (u.a. bessere Früherkennungs- und Vorsorgemaßnahmen); Selbsthilfe durch Eigenbeteiligung an der gesundheitlichen Versorgung (u.a. durch Unterstützung der Gründung und Arbeit von örtlichen Selbsthilfegruppen).
Weitere Ziele sind die Interessenvertretung (»Lobby«) gegenüber Öffentlichkeit, Behörden und Einrichtungen des Gesundheitswesens sowie die Sammlung und Veröffentlichung all jener Informationen, die mit der Erkrankung zu tun haben.
Jedes Mitglied erhält im Abstand von etwa 3 Monaten kostenlos die aktuelle Zeitschrift des Bundes (»Hautfreund«) zugeschickt, ein Forum für fachwissenschaftliche Beiträge wie für die Diskussion unter Mitgliedern.

Projekt »**Allergie und Berufswahl**«, c/o Reinhard Voges, Dorfplatz 7, **3340 Wolfenbüttel,** ☎ 05331/5211.
Die Zahl der Schulabgänger wächst, die an Allergien leiden und deshalb bestimmte Berufe nicht dauerhaft ausüben können. Das gleiche gilt für viele Menschen, bei denen erst nach längerer Berufsausübung Allergien zum Ausbruch kommen. Ziel des »Projektes« ist es, auf diesem Problemfeld eine bessere Beratung und umfassende Aufklärung zu erreichen.

Allergiker- und Asthmatikerbund e.V.
Hindenburgstr. 110, **4050 Mönchengladbach 1,** ☎ 02161/10207.
Laut einer Infas-Studie von 1984, die der Allergiker- und Asthmatikerbund veranlaßt hatte, leiden in der Bundesrepublik ca. 25 Millionen Menschen an allergischen und asthmatischen Krankheiten. Der Allergiker- und Asthmatikerbund als die älteste Selbsthilfeorganisation in Deutschland (gegründet 1897) sieht seine Aufgabe darin, möglichst viele dieser kranken Menschen zu erreichen. Hilfe wird angeboten über die vierteljährlich erscheinende Zeitschrift »Der Allergiker« sowie über zahlreiche Merkblätter zu den einzelnen Krankheitsbildern. Über 20.000 Anfragen von Kranken werden jährlich u.a. mit Hilfe des ärztlich-wissenschaftlichen Beirates beantwortet. Es werden Anschriften von qualifizierten Fachärzten und Sanatorien vermittelt. Basisnahe Informationen werden über Landes- und Ortsverbände weitergegeben. An den einzelnen Orten werden Gesprächskreise und

Referate von Ärzten und Wissenschaftlern organisiert.

Stiftung Deutscher **Polleninformationsdienst**, Gabelsberger Str. 23, **4050 Mönchengladbach 1,** ☎ 02161/4649.
Der Polleninformationsdienst ist eine Art »Frühwarnsystem« für Heuschnupfenkranke, von denen es in der BRD immerhin etwa 6 Millionen gibt. Die Stiftung betreibt gegenwärtig bundesweit 44 Pollenflugmeßstellen. In Zusammenarbeit mit den zuständigen Wetterämtern werden 3 x wöchentlich Pollenflugvorhersagen errechnet. Diese kann man von März bis September über SAT I, die meisten Rundfunkanstalten und Tageszeitungen erfahren; außerdem über die **Pollentelefone** ☎ 02161/4646 und 02161/4648 sowie regional auch über ☎ (0)11601.
Die Stiftung arbeitet eng mit dem »Allergiker- und Asthmatikerbund« zusammen (siehe oben), und man erteilt auch individuelle Ratschläge in bezug auf Allergien. 1987 erreichten die Stiftung mehr als 65.000 Anrufe. Auf Anforderung ist bei der Stiftung eine informative Patientenbroschüre erhältlich.

Ärztliche Arbeitsgemeinschaft für angewandte Allergologie, Krankenhaus Bethanien, **4130 Moers,** ☎ 02841/2002403.

Deutsche Stiftung für **Psoriasis und Neurodermitis-Forschung** e.V., Fontanestr. 14, **5300 Bonn-Bad Godesberg,** ☎ 0228/362894.
(Nähere Ausführungen siehe unter Stichwort »Hautleiden«).

Bundesverband Neurodermitiskranker in Deutschland e.V., Sabelstr. 39, **5407 Boppard,** ☎ 06742/2598.
Der Verband wurde Anfang 1985 gegründet und hat im Moment knapp 6.000 Mitglieder. Seine Ziele und Aufgaben sind: Erforschung der Krankheit, Suche nach erfolgversprechenden alternativen Therapien außerhalb der klassischen Cortison- und Klimabehandlung, Hilfe durch Ernährungsberatung, enge Zusammenarbeit mit Ärzten, Naturheilkundlern, Krankenkassen, Politikern zum Wohle des Patienten. Ausführliche Unterlagen werden auf Anfrage versandt. Bitte DIN-A-5-Kuvert, frankiert mit 1,10 DM, der Anforderung beifügen.

Deutsche Gesellschaft für Allergie- und Immunitätsforschung, c/o Prof. Dr. Erich Fuchs, Deutsche Klinik für Diagnostik, FB Allergologie, Aukammallee 33, **6200 Wiesbaden,** ☎ 06121/577237.

Arbeitsgemeinschaft allergiekrankes Kind

Hilfen für Kinder mit Asthma, Ekzem oder Heuschnupfen, Hauptstr. 29, **6348 Herborn,** ☎ 02772/41237.
Allergien kommen bei 10-20% der Kinder und Jugendlichen vor. Die häufigsten allergischen Krankheiten sind Asthma, Ekzem und Heuschnupfen. Diese Krankheiten sind für den kleinen Patienten und seine Eltern besonders schwer zu bewältigen; ihre frühzeitige Erkennung und Behandlung ist entscheidend für das weitere Schicksal des Patienten. Intensive Zusammenarbeit aller Beteiligten verbessert die Behandlungsmöglichkeiten. Die Arbeitsgemeinschaft nimmt sich der betroffenen Familien an. Sie organisiert Vortragsabende, Gesprächskreise und Seminare, bietet individuelle Beratung, gibt Hilfe bei Kuraufenthalten, fördert den Erfahrungsaustausch sowie die Aktivitäten von Selbsthilfegruppen (z.Z. über 140 im ge-

samten Bundesgebiet. Adressen können bei der Bundesgeschäftsstelle angefordert werden).

Projekt Nahrungsmittelallergie, Fachhochschule Fulda, Fachbereich Haushalt und Ernährung, Marquardstr. 35, **6400 Fulda.**

Forum Allergie — Internationaler Arbeitskreis zur Erforschung und Therapie allergischer Erkrankungen (IAK), Schwabenstr. 3, **7730 Villingen-Schwenningen.**
Zweck des im März 1988 gegründeten Vereins ist es, alle erreichbaren Informationen zur biologischen Allergiebehandlung zu sammeln und zu veröffentlichen, Seminare, Tagungen und Kongresse zu veranstalten sowie Öffentlichkeitsarbeit zu betreiben. Man will Betroffenen Hilfestellung leisten, biologisch orientierte Therapiestätten fördern, Forschungsaufträge verteilen und sinnvolle Konzepte zur Allergieprophylaxe erarbeiten.
Das oberste Gebot aller im Verein zusammengeschlossenen Therapeuten ist der Grundsatz einer größtmöglichen Freiheit von Nebenwirkungen bei der Behandlung.
Im Mittelpunkt der Heilungsbemühung sollen deshalb Ganzheitsmethoden wie Ernährungsmedizin, Homöopathie, Phytotherapie, Akupunktur u.ä. stehen.

Münchner Allergie-Gesellschaft am Biederstein e.V., Biedersteinerstr. 29, **8000 München 40,** ☎ 089/3849-3203 + 3218.

Spezialkliniken/Sanatorien (Auswahl):

Nordsee-Kurhaus Wasserschloß, 2943 Neuharlingersiel, ☎ 04974/160.

Schwarzwald-Klinik, Fachklinik für Ernährungsmedizin, Farnweg 6, 7730 VS-Villingen, ☎ 07721/809-0.
Die Schwarzwald-Klinik entwickelte ein ernährungsmedizinisches Konzept zur Bekämpfung von Allergien, besonders der Neurodermitis, das als »Villinger Modell« bundesweit Aufsehen erregt hat. Von wesentlicher Bedeutung ist dabei die tierisch-eiweißfreie Kost. Die Behandlung erfolgt ohne Einsatz von Cortison.

Spezialklinik Neukirchen, Krankenhausstr. 9, 8497 Neukirchen bei Heiligblut, ☎ 09947/515-7.

Apotheken

(siehe unter »Pharmazie«)

Atemwegs-erkrankungen

Arbeitsgemeinschaft für **Atempflege,** Kaiser-Friedrich-Str. 17, **1000 Berlin 10.**

Elternvereinigung asthmakranker Kinder und Jugendlicher e.V.
Bundesgeschäftsstelle, Dorotheenstr. 174, **2000 Hamburg 60,** ☎ 040/4604947.
Die Elternvereinigung wurde 1980 auf Initiative betroffener Eltern gegründet. Ziel ist die Interessenvertretung der Kinder, um die medizinischen und sozialen Bedingungen zu verbessern. Insbesondere wird eine optimale Versorgung im diagnostischen und therapeutischen Bereich gefordert.
Die Vereinigung führt mit Krankenkassen und Versicherungen Verhandlungen, um eine einheitliche Abwicklung der Krank-

heitsfälle zu erreichen. Hinzu kommen Öffentlichkeitsarbeit, persönliche Beratung, Informationsveranstaltungen und Elternseminare sowie medizinische Faltblätter und ein halbjährlich erscheinendes Journal.
Landesverbände gibt es in **Hamburg** (Hermann-Balk-Str. 137, ☎ 040/6443465), **Schleswig-Holstein** (Todendorfstr. 16, 2075 Steinburg), 2820 **Bremen-Lesum** (c/o Birgit Puck, Louis-Seegelken-Str. 12, ☎ 0421/631824), **Niedersachsen** (c/o Ilse Brecht, Ernst-Moritz-Arndt-Str. 24, 3150 Peine, ☎ 05171/12296), **Nordrhein-Westfalen** (c/o Herbert Grünack, Frankenstr. 79, 4040 Neuss, ☎ 02101/530019), **Hessen** (c/o Volker Jäkel, Königsberger Str. 157, 6452 Hainburg 2, ☎ 06182/69533), **Baden-Württemberg** (c/o Brigitte Dinger, Schulstr. 35, 7560 Gaggenau, ☎ 07225/4484), **Bayern** (c/o Marlene Hoffmann, Goethestr. 13, 8034 Germering, ☎ 089/848896).

Deutsche Liga zur Bekämpfung der Atemwegserkrankungen e.V.

Postfach 269, **4390 Gladbeck**, ☎ 02043/2780.
Die Atemwegserkrankungen bilden als Gruppe echter Volkskrankheiten ein medizinisch noch nicht befriedigend gelöstes Problem. In der BRD erliegen jährlich rund 22.000 Menschen den Atemwegsleiden. Die Krankheitsaufwendungen gehen in die Milliarden und das Schicksal der Patienten ist durch einen hohen Leidensdruck geprägt.
Die Liga (gegründet 1979) bezweckt die Bekämpfung der Atemwegserkrankungen insbersondere durch: Aufklärung der Bevölkerung über Verbreitung, Ursachen und Bekämpfungsmöglichkeiten; Erarbeitung von Empfehlungen zur Vorbeugung, Früherkennung, Diagnostik, Therapie, Nachsorge und Rehabilitation; aktive Förderung von Vorbeugung und Früherkennung, Beratung und Betreuung von Kranken und deren Angehörigen sowie Nachsorge und Rehabilitation dieser Patienten.
Die Liga hat eine Reihe von Schriften herausgegeben, darunter die Patientenbroschüre »Was Sie über Atemwegserkrankungen wissen sollten«. Es handelt sich bei der Liga zwar um keine Selbsthilfeorganisation, man steht jedoch Patienten für Anfragen gerne zur Verfügung.

Deutsche **Sarkoidose-Vereinigung** e.V., Rosenstr. 9, **4973 Vlotho**, ☎ 05733/4072.
Der Verein wurde 1987 gegründet. Bei der Sarkoidose (bzw. Morbus Boeck) sind meist die Lymphgefäße der Lungen von Bindegewebsveränderungen betroffen. Es handelt sich jedoch nicht um ein »Lungenleiden«, sondern um eine schwere Allgemeinerkrankung des Organismus auf der Grundlage von Fehlsteuerungen des Immunsystems (die genauen Ursachen sind noch nicht bekannt).
Ziel der Vereinigung ist es, Kontakt zwischen den Betroffenen und damit einen Erfahrungsaustausch herzustellen. Ausserdem soll die Forschung über die Ursachen der Erkrankung und eine (bisher ausstehende) wirksame Therapie neubelebt werden.

Gemeinnütziger Verein der **Bronchialasthmakranken**, Herrenwiesenstr. 50, **6990 Bad Mergentheim**, ☎ 07931/8389.
Der Verein ist seit 1983 intensiv bemüht, die konkrete Lebens— und Leidenssituation von Asthmatikern zu verbessern.

Hierzu werden individuelle Auskünfte erteilt, vor allen Dingen betroffene Anrufer beruhigt, Prospekte und Kassetten auf Wunsch zugeschickt, sowie Patientenbroschüren beigefügt.

Darüber hinaus sucht man mit einer Reihe von Initiativen das Interesse von Behörden, Öffentlichkeit und Presse zu wecken.

Schließlich will man beim Verein auch Gelder zur Unterstützung der Asthmaforschung sammeln.

Vordringliches Ziel des Vereins ist es gegenwärtig, im ganzen Bundesgebiet Selbsthilfegruppen für Asthmatiker zu initiieren. Um die regelmäßigen Treffen für die Kranken so nutzbringend wie möglich zu gestalten, wurde eigens ein Modell-Seminar mit Informationen über die richtige Lebensführung und spezielle Entspannungsübungen erarbeitet.

Aktionsgemeinschaft **Pseudo-Krupp** e.V., Ainmillerstr. 25, **8000 München 40,** ☎ 089/344880.

Bad Reichenhaller Forschungsanstalt für Krankheiten der Atmungsorgane e.V., Kurfürstenstr. 9, **8230 Bad Reichenhall,** ☎ 08651/5314.

Pseudo-Krupp, Elterninitiative Hof, c/o Nanne Wienands, Raitschin 5, **8671 Regnitzlosau.**

Spezialkliniken (Auswahl):

Asthma- und Allergiezentrum, Benekestr. 25, 2982 Norderney, ☎ 04932/801.

Im Frühjahr 1988 wurde das Angebot des Asthma- und Allergiezentrums um spezielle Einrichtungen für Kinder und Jugendliche erweitert.

Auguste-Viktoria- und Cecilienstift, Fachklinik für Lungen- und Bronchialheilkunde, Auguste-Viktoria-Allee 19-23, 4792 Bad Lippspringe, ☎ 05252/2020.

Spezial-Lungenklinik, Theo-Funccius-Str. 1, 5870 Hemer, ☎ 02372/5011.

Sanatorium Schönsicht Berchtesgaden, Kurklinik für Kinder und Jugendliche, Oberkälberstein, 8240 Berchtesgaden, ☎ 08652/4004.

TIP:

In der Fachklinik für Erkrankungen der Atemwege (Riedelstr. 5, 8230 Bad Reichenhall, ☎ 08651/72207) wurde ein Programm entwickelt, bei dem Asthma- und Bronchitis-Patienten u.a. in Atemtechnik, Ernährung und Sport intensiv geschult werden.

Atom ... und die Folgen

Tschernobyl und die rätselhafte transnukleare Atommüll-Faßvermehrung sind noch in frischer Erinnerung. Außerdem deuten neuere Untersuchungen (»The Lancet«, »Ärztliche Praxis«) darauf hin, daß radioaktive Niedrigstrahlung im Hinblick auf das Krebsrisiko etwa doppelt so gefährlich ist als bisher vermutet. Sich mit dem Problem von Radioaktivität und Gesundheit kritisch auseinanderzusetzen, ist also kein Ausdruck von Hysterie, sondern ein wichtiges sachliches Anliegen, möglicherweise eines der bedeutendsten unserer Gegenwart.

Verein **Aktiv gegen Strahlung** e.V., Wilsnacker Str. 15, **1000 Berlin 21,** 030/39489.

Deutsche Gesellschaft für **Nuklearmedizin**, Konstanty-Gutschow-Str. 8, **3000 Hannover 61,** ☎ 0511/5322578.

Atommüllkonferenz, c/o Umweltzentrum Münster, Scharnhorststr. 57, **4400 Münster,** ☎ 0251/521112.
Die Atommüllkonferenz, ein seit Jahren regelmäßig arbeitendes überregionales Gremium der Anti-AKW-Bewegung, ist ein Treffen von Standortinitiativen und Bürgerinitiativen, die zu Anti-Atom-Themen arbeiten.
Das Hauptgewicht einer AMK liegt auf dem Informations- und Erfahrungsaustausch zwischen den einzelnen Gruppen. Gemeinsame Aktionen werden geplant, die von örtlichen Initiativen entwickelt und eingebracht werden. Die Konferenzen finden ca. alle drei Monate an wechselnden Orten (bevorzugt an Standorten) statt. Außerdem erscheint ca. alle sechs Wochen der »Anti-AKW-Rundbrief«, der bundesweit über die Arbeit der Initiativen, Termine und Diskussionsprozesse informiert.

Gesellschaft für **Strahlenmeßtechnik**, Goldstr. 60-64, **4400 Münster,** ☎ 0251/2302736.
(Unabhängiges Meß- und Beratungsinstitut).

Strahlenschutzkommission (SSK), c/o Gesellschaft für Reaktorsicherheit, Postfach 101650, **5000 Köln 1,** ☎ 0221/2068-0.

Bundesministerium für Umwelt, Naturschutz und Reaktorsicherheit
Postfach 120629, **5300 Bonn,** ☎ 0228/5580.

Deutsches Atomforum e.V. (DAtF), Heussallee 10, **5300 Bonn,** ☎ 0228/5071.

Aktionskreis Leben, Gewerkschafter gegen Atom, St. Gillestr. 21, **6050 Offenbach.**

Öko-Institut, Projektgruppe **Reaktorsicherheit**, Wittmannstr. 45, **6100 Darmstadt,** ☎ 06151/664879.

Internationale Ärzte für die **Verhütung des Atomkrieges** (IPPNW), Geschäftsstelle, Bahnhofstr. 24, **6501 Heidesheim,** ☎ 06132/59329.
Ziel ist es, Kenntnisse und Wissen insbesondere über die medizinischen Folgen eines Atomkrieges zu erwerben, verbreiten und darüber aufklären sowie einschlägige wissenschaftliche Untersuchungen zu unterstützen. Außerdem alle nur möglichen Aktivitäten zur Verhinderung eines Atomkrieges zu entwickeln. Es wird die Zusammenarbeit mit regionalen Gruppen und Initiativen aus dem Gesundheitswesen gesucht.
Die Mitgliederschaft setzt sich aus Ärzten und Medizinstudenten zusammen. Nichtmediziner sind aufgerufen, die Vereinsziele durch Spenden oder eine kontinuierliche Fördermitgliedschaft (steuerbegünstigt) zu unterstützen.
Die IPPNW hat etwa 200.000 Mitglieder in über 60 Ländern. Die Sektion BRD verfügte Ende 1987 über 7.000 Mitglieder, wobei monatlich etwa 100 neu hinzukommen. In den meisten größeren Städten gibt es Regionalgruppen für regelmäßige Treffen (bisher etwa 100; Adressen bei der Geschäftsstelle).
Ein Zeugnis für die Bedeutung dieser weltweiten Ärzte-Bewegung ist die Verleihung des UNESCO-Friedenspreises (1984) sowie des Friedensnobelpreises des Jahres 1985.

Mütter gegen Atomkraft e.V., Hagenbacher Str. 37, **8000 München 60,** ☎ 089/879850.

Ziel des Vereins ist der schnellstmögliche Ausstieg aus der Kernenergie. Dazu müssen alternative Energiequellen gezielt gefördert werden, und es muß das Bewußtsein dafür geweckt werden, daß wir ein Teil der Natur sind und nur in Harmonie mit ihr leben können. Nur so kann die Schönheit der Schöpfung auch für kommende Generationen erlebbar bleiben.

Das Wort »Mutter« steht dabei als Symbol der Verantwortung für das Wachsen, Werden und Beschützen. Willkommen sind im Verein jedoch alle (ob Mann oder Frau, mit oder ohne Kinder), die sich bewußt geworden sind, wie bedroht unsere Zukunft und die unserer Kinder ist.

Der Verein informiert u.a. über die aktuelle Strahlenbelastung von Nahrungsmitteln und veröffentlicht Infoblätter mit Tips zur Energieeinsparung.

Institut für **Strahlenhygiene** und Gesellschaft für **Strahlen- und Umweltforschung** mbH, Ingolstädter Landstr. 1, **8042 Neuherberg,** ☎ 089/31872712.

Als Reaktion auf das »Informationschaos« nach Tschernobyl wird beim Institut eine Datenbank aufgebaut, in der die Meßwerte eines bundesweiten Überwachungssystems für Umweltradioaktivität zentral gesammelt werden. Bis 1990 sollen die Vorarbeiten hierzu abgeschlossen sein.

DAGG — »David gegen Goliath«, Initiative Bayerischer Bürger und Bürgerinnen gegen Atomkraft, Königinstr. 47, **8000 München 22,** ☎ 089/348232.

TIP:

Beim »Institut für Psychologie und Friedensforschung« (Sophie-Strehle-Str. 5, 8000 München 19, ☎ 089/173425) ist eine ausführliche **Liste mit Bürgerinitiativen gegen Atomkraft** erhältlich.

Die Arbeitsgemeinschaft ökologischer Forschungsinstitute, AGÖF e.V. (Horner Str. 28, 2800 Bremen), gibt monatlich ein »**Radioaktivitäts-Datenblatt**« mit aktuellen Meßwerten heraus (32 Seiten, DM 10,-).

Ende 1986 wurde der der sog. **Röntgen-Paß** eingeführt. In dieses Nachweisheft muß der Arzt auf Verlangen des Patienten vorgenommene Röntgenuntersuchungen genau eintragen, und es erweist sich dadurch als wertvolles Dokument zur Risikoabschätzung für alle nachfolgenden diagnostischen Maßnahmen (z.B. zur Vermeidung von Doppeluntersuchungen). Den Röntgen-Paß können Sie bei Ihrer Krankenkasse anfordern.

Augenleiden

Bund zur Förderung Sehbehinderter (BFS) e.V.

In der Senke 13, **4630 Bochum 1,** ☎ 0234/14272.

Der BFS bemüht sich um die schulische, berufliche und gesellschaftliche Eingliederung sehbehinderter Kinder, Jugendlicher und Erwachsener. Dieser Eltern- und Selbsthilfeverband berät Eltern sehbehinderter Kinder und Jugendlicher und erwachsene Sehbehinderte in allen Fragen der Rehabilitation. Er klärt die Öffentlichkeit über Sehbehinderung, ihre Auswirkungen und geeignete Eingliederungsmöglichkeiten auf und bemüht sich um eine Verbesserung der rechtlichen Möglichkeiten zum Ausgleich der durch die Behinderung entstandenen Nachteile.

Kuratorium Gutes Sehen, Pipinstr. 16, **5000 Köln 1,** ☎ 0221/214586.

Ganzheitliches Augentraining, c/o Dipl.-Psych. Micha Krenz, Wetzsteinstr. 5, **6300 Gießen,** ☎ 0641/36346.
Augentraining, Information, Fortbildung, Adressenservice.

Deutsche **Retinitis Pigmentosa Vereinigung** e.V. (RP), Selbsthilfevereinigung zur Verhütung von Blindheit, Wernher von Braun Str. 39, **6367 Karben,** ☎ 06039/3475.
Retinitis-Pigmentosa-Patienten leiden unter einer unheilbaren Form progressiver Erblindung. Die ersten Symptome sind Nachtblindheit und Blendungsempfindlichkeit. Später schränkt sich das Gesichtsfeld in der Regel von den Seitengrenzen her bis zum typischen »Tunnelblick« oder völliger Erblindung ein. Die Ursachen dieses Leidens liegen nach dem gegenwärtigen Wissensstand in einer Netzhautdegeneration. Bei uns sind etwa 20.000 Menschen von diesem Augenleiden betroffen.
Bei der Bundesvereinigung handelt es sich um eine Selbsthilfeorganisation, die den betroffenen Patienten einen gegenseitigen Erfahrungsaustausch ermöglichen und der Forschung Impulse verleihen soll (insbesondere fordert man ein auf RP spezialisiertes Forschungsinstitut). Neue Mitglieder können sich den bereits bestehenden 24 Regionalgruppen (in den meisten größeren Städten) anschließen. Der Verein gibt das Mitteilungsblatt »RP-aktuell« heraus.

Gesellschaft zur Förderung einer **erweiterten Augenheilkunde** e.V., Schönleinstr. 11, **7000 Stuttgart 1,** ☎ 0711/245679.
In dieser 1983 gegründeten Gesellschaft wollen Augenärzte, Ärzte und Laien zusammenwirken, um die Augenheilkunde in einem durch anthroposophisch orientierte Geisteswissenschaft erweiterteten Sinne zu fördern. Dies soll insbesondere durch die entsprechende Schulung von Medizinstudenten, Ärzten und Augenärzten auf dem Gebiet der Augenheilkunde geschehen.

Baubiologie

Arbeitsgemeinschaft **Wohnberatung** (AGW), Heilsbachstr. 20, **5300 Bonn 1,** ☎ 0228/8000.

Bundesverband **Gesundes Bauen und Wohnen** (GBW), Postfach 1820, **3300 Braunschweig,** ☎ 0531/82840.
Interessierte Bauwillige erhalten vom GBW einen Gutschein zur kostenlosen Fachberatung in Sachen umweltschonender, naturnaher Bauweise.

Arbeitsgemeinschaft **Naturfarben**, Radikoferstr. 16, **8000 München 70.**
In dieser AG haben sich drei Hersteller von Naturfarben zusammengeschlossen. Man bietet eine kostenlose »Gläserne Rezeptkartei« an, ein Heft, in dem die Rezepturen der einzelnen Produkte in allen Einzelheiten offengelegt werden.

Internationales Institut für Baubiologie

Heilig-Geist-Str. 54, **8200 Rosenheim,** ☎ 08031/17091.

Angebote: Lehrgang »Wohn- und Umweltberatung«, Messungen und Analysen, Datenbank »Wohnbio«, Zeitschrift »Gesünder Wohnen«, Publikationen, Schulungen, Wochenendkurse.

Institut für Baubiologie + Oekologie
Holzham 25, **8201 Neubeuern,** ☎ 08035/2039.
Tätigkeitsbereich: Forschung, Gutachten, Beratung, Hausuntersuchungen, Seminare, Schriftenreihe »Gesundes Wohnen«, Zeitschrift »Wohnung + Gesundheit«, Fernlehrgang Baubiologie.

Holzschutzmittel/Formaldehyd:

Interessengemeinschaft der **Holzschutzmittel-Geschädigten** (IHG), Unterstaat 14, **5250 Engelskirchen 1,** ☎ 02263/3786.

Die **Verbraucherinitiative,** Selbsthilfegruppe Formaldehyd-Geschädigter (SFG), Breite Str. 51, **5300 Bonn 1,** ☎ 0228/659044.

Interessengemeinschaft **»Giftfreie Schule und Kindergarten«** im Institut für Baubiologie, Heilig-Geist-Str. 54, **8200 Rosenheim,** ☎ 08031/32627.

Interessengemeinschaft der **Formaldehydgeschädigten,** Holzham 25, **8201 Neubeuern,** ☎ 08035/2039.

Behinderte

Freundeskreis Camphill e.V., Gütergotzer Str. 85, **1000 Berlin 37,** ☎ 030/8012069.
Der gemeinnützige Verein Freundeskreis Camphill ist ein Zusammenschluß von Eltern und Angehörigen behinderter Kinder, Jugendlicher und Erwachsener sowie Freunden, mit dem Ziel, die besondere heilpädagogische und sozialtherapeutische Arbeit auf anthroposophischer Grundlage der Camphill-Einrichtungen in Deutschland ideell und materiell zu unterstützen. Er fördert u.a.: die Heimsonderschule Brachenreuthe bei 7700 Überlingen mit etwa 90 mehrfach behinderten Kindern und Jugendlichen sowie 10 Dörflern; die Heimsonderschule Lehenhof (7774 Deggenhausertal) und die Dorfgemeinschaft Hermannsberg (7799 Heiligenberg-Hattenweiler) mit etwa 180 erwachsenen Menschen mit verschiedenen Behinderungen; 3. Tagesstätten in Berlin (Thomas-Haus) und Nürnberg (Karl-König-Schule).
Ebenso wird der Aufbau weiterer Dorfgemeinschaften in anderen Bundesländern unterstützt.
4 mal im Jahr (zu Ostern, Johanni, Michaeli, Weihnachten) erscheint »Die Brücke«, eine Zeitschrift, die die Verbindung unter den Mitgliedern herstellen und vertiefen soll.

Interessengemeinschaft **von Geburt an Behinderter,** Otto-Suhr-Allee 131, **1000 Berlin 10,** ☎ 030/3411797.

Bundesverband **»Hilfe für das autistische Kind«** e.V., Bebelallee 141, **2000 Hamburg 60,** ☎ 040/5115604.
(Beschreibung siehe unter »Kinder«).

Bundesverband **Legasthenie** e.V., Gneisenaustr. 2, **3000 Hannover 1,** ☎ 0511/853465.
Legastheniker lernen Lesen und Schreiben unter erschwerten Bedingungen, obwohl eine ausreichende Intelligenz vorhanden ist. Die daraus resultierende persönliche und soziale Benachteiligung kann durch gezielten Unterricht oder eine fachgerechte Behandlung überwunden

bzw. wesentlich gemildert werden. Die Behandlung muß so früh wie möglich beginnen.
Der Bundesverband vermittelt u.a. Fachleute für die Diagnose und für individuelle Förderung und bietet Unterstützung gegenüber Behörden. Durch persönliche Beratung und Information sollen Eltern in die Lage versetzt werden, ihre Kinder besser zu verstehen und die bestehenden gesetzlichen Möglichkeiten in Anspruch zu nehmen.
10 Landesverbände bzw. Landesbeauftragte beraten vor Ort (Anschriften beim Bundesverband auf Anfrage).

Bundesvereinigung Lebenshilfe für geistig Behinderte e.V.
Raiffeisenstr. 18, **3550 Marburg 7,** ☎ 06421/40010.
Geistig behinderte Menschen sind durch eine Schädigung des Gehirns vor, während oder nach der Geburt in ihrer Entwicklung so sehr beeinträchtigt, daß sie voraussichtlich ein Leben lang auf die Hilfe ihrer Mitmenschen angewiesen sein werden. Etwa jedes 130. Kind, das geboren wird, ist geistig behindert. Jede Familie kann, ohne eigenes Verschulden, von diesem Schicksal betroffen werden. Zur Entfaltung ihrer Fähigkeiten brauchen geistig behinderte Menschen eine möglichst frühzeitig einsetzende gezielte Förderung.
Ziel der »Lebenshilfe« ist es, verbesserte Lebensverhältnisse für geistig Behinderte und ihre Familien zu schaffen und auf die Integration dieser Bevölkerungsgruppe hinzuwirken (frühe Hilfen, Beratung, Schulvorbereitung, Schulen für geistig Behinderte, Werk- und Wohnstätten, Freizeit, Erholung und Kur u.ä.).
Es bestehen 11 Landesverbände und etwa 400 örtliche Vereinigungen; eine Anschriftenliste kann beim Bundesverband angefordert werden.
Die Lebenshilfe veröffentlicht ständig eine Reihe von Büchern, Broschüren und Informationsdienste, darunter die Zeitschriften »Die Lebenshilfe-Zeitung« und »Geistige Behinderung« (ein Verlagsprogramm wird auf Anfrage zugeschickt).

Bundesarbeitsgemeinschaft Hilfe für Behinderte e.V. (BAG)
Kirchfeldstr. 149, **4000 Düsseldorf 1,** ☎ 0211/310060.
Die BAG ist die Dachorganisation von mehr als 40 überregionalen Behinderten-Selbsthilfeverbänden uns vertritt mehr als 350.000 behinderte Mitglieder. Sie setzt sich unabhängig von parteipolitischen oder konfessionellen Bindungen für die Interessen behinderter Menschen ein.
Leitlinien der Arbeit sind **Solidarität** (gegenseitiges Verständnis und Eintreten nichtbehinderter und behinderter Menschen füreinander), **Hilfe durch Selbsthilfe, Integration** (jedem Menschen muß die Chance für ein gleichberechtigtes Leben eröffnet werden) und **Mitwirkung** (Engagement aller Betroffenen und Helfer).
Landesarbeitsgemeinschaften Hilfe für Behinderte gibt es in **1000 Berlin 33** (Schorlemer Allee 40, ☎ 030/8236036); **2000 Hamburg 60** (Südring 36, ☎ 040/271113); **Schleswig-Holstein** (in Planung; Kontakt unter: BAG Hilfe für Behinderte, Feldstr. 123, 2300 Kiel 1, ☎ 0431/802905); **2800 Bremen 1** (Waller Heerstr. 55, ☎ 0421/383066); **Niedersachsen** (in Planung; Kontakt unter: Landesverband zur Förderung Körperbehinderter, Engelbo-

steler Damm 72, 3000 Hannover 1, ☎ 0511/702428); **Hessen** (Gutenbergstr. 35, 3550 Marburg, ☎ 06421/26796); **Nordrhein-Westfalen** (Kleine Wienburgstr. 5, 4400 Münster, ☎ 0251/274243); **Rheinland-Pfalz** (Klara Str. 29, 6500 Mainz, ☎ 06131/234402); **Saarland** (Haydnstr. 1, 6610 Lebach, ☎ 0681/4005321); **Baden-Württemberg** (in Planung; Kontakt unter: LV der Vereine zur Förderung und Betreuung spastisch gelähmter Kinder, Manfred Schwarz, Stephanienstr. 20, 7500 Karlsruhe, ☎ 0721/25911); **Bayern** (Rathausgasse 7, 8000 München 60, ☎ 089/833039).

Bundesverband für **spastisch Gelähmte und andere Körperbehinderte** e.V., Kölner Landstr. 375, **4000 Düsseldorf 13,** ☎ 0221/750068-69.

Menschen mit spastischen Lähmungen sind Körperbehinderte, deren Bewegungen durch eine Schädigung des Gehirns mehr oder weniger auffallend gestört sind. Diese Schädigung (Lähmung) hemmt die gesunde Entwicklung des Kindes. Darüber hinaus können Sprach-, Hör- und Sehschäden auftreten. Man rechnet bei 1.000 Neugeborenen mit zwei bis drei von dieser Behinderung betroffenen Kindern. Dies bedeutet: Unter uns leben etwa 250.000 Bürger mit verschiedenen Formen spastischer Lähmungen. Um den körperbehinderten Menschen die Teilnahme am Leben in der Gemeinschaft zu ermöglichen, ist es erforderlich, daß die Behinderung so früh wie möglich erkannt und bereits im Frühstadium behandelt wird.

Arbeitsgemeinschaft der **Werkstätten für Behinderte** in der BRD e.V., Geschäftsstelle, Industriestr. 7, **4500 Osnabrück,** ☎ 0541/596185.

Bundesverband der Eltern körpergeschädigter Kinder e.V.
Contergan-Kinderhilfswerk, Neufelder Str. 19, **5000 Köln 80,** ☎ 0221/681068.
In der Bundesrepublik Deutschland sind mehr als 3.500 Kinder von Müttern, die während der Schwangerschaft das thalidomidhaltige Schlaf- und Beruhigungsmittel »Contergan« eingenommen haben, mit schweren Fehlbildungen ihrer Gliedmaßen und anderen Körperschäden zur Welt gekommen. Es ist das Ziel des Bundesverbandes, durch sinnvolle Koordination der Arbeit in den 35 Orts- und 11 Landesverbänden Erfahrungen auszutauschen, Anregungen aufzugreifen und insbesondere die ärztliche, orthopädische und pädagogische Betreuung aller körpergeschädigten Kinder sicherzustellen, unabhängig von der Vermögenslage der Eltern.

Lernen fördern — Bundesverband zur Förderung Lernbehinderter e.V., Rolandstr. 61, **5000 Köln 1,** ☎ 0221/374828. (Beschreibung siehe unter »Kinder«).

Bundesverband für die **Rehabilitation der Aphasiker** e.V. (BRA), Straßburger Weg 23, **5300 Bonn 1,** ☎ 0228/230721 + 236667.
Gefäßerkrankungen und Unfälle nehmen ständig zu. Damit erhöht sich auch die Zahl der Menschen, die von Aphasie (Sprachstörung) betroffen sind um jährlich 40.000 in der BRD.
Eine Aphasie tritt auf infolge einer meist linksseitigen Hirnerkrankung (Schlaganfall, Tumor, Entzündung) oder Hirnverletzung (Unfall).
Aphasiker haben je nach Lokalisation

und Schwere der Schädigung unterschiedlich stark ausgeprägte Schwierigkeiten beim Ausdrücken der eigenen Gedanken und Gefühle, beim Verstehen, Lesen und Schreiben. Da die Unwissenheit über Ursache und Ausmaß einer Sprachstörung leider die Regel ist, geraten sprachgestörte Menschen und ihre Angehörigen oft in große Isolation.

Der BRA, vor 10 Jahren als Selbsthilfegruppe gegründet, hat inzwischen 45 Regionalgruppen als Kontaktstellen für die Betroffenen und Angehörigen aufgebaut. Eine weitere wichtige Aufgabe ist die Aufklärung der Öffentlichkeit über die Folgen der Aphasie und die Möglichkeiten der Rehabilitation; denn früh einsetzende Sprachtherapie kann die Kommunikationsfähigkeit wesentlich verbessern.

Dachverband Psychosozialer Hilfsvereinigungen e.V.

Thomas-Mann-Str. 49a, **5300 Bonn 1**, ☎ 0228/632646.

Im Dachverband sind über 150 Vereine und Initiativen zusammengeschlossen, die in Kreisen, Städten und Gemeinden Hilfsangebote für psychisch kranke Mitbürger machen: Clubs, Teestuben, Tagesstätten. Amulante Betreuungsdienste. Wohngemeinschaften und Kleinheime. Therapeutische Werkstätten und Firmen. Kennzeichnend für die Arbeit der DV-Mitglieder ist die Mitwirkung von ehrenamtlichen Mitarbeitern (Laienhelfer). Die im Dachverband zusammengeschlossenen Vereine bemühen sich außerdem, Betroffene und Angehörige aktiv an der Planung und Durchführung der Aufgaben zu beteiligen. Der DV will Alternativen zur Großanstalt in den Gemeinden schaffen, wie dies auch die Psychiatrie-Enquete aus dem Jahre 1975 vorsieht. Der DV bietet dazu Beratung, Fortbildung, Information. Vom DV werden die Zeitschrift »Psychosoziale Umschau« (erscheint 4 mal jährlich) sowie weitere Medien herausgegeben.

Dem Dachverband angeschlossen ist der **Bundesverband der Angehörigen psychisch Kranker e.V.** (Anschrift wie oben). Der Bundesverband wurde 1985 gegründet. Inzwischen sind in ihm rund 200 örtliche Initiativen von Angehörigen zusammengeschlossen. Es entstehen zunehmend auch Landesverbände. Der Angehörigenverband hat zwei Stoßrichtungen: Zum einen die Bildung von Gesprächskreisen, in denen Angehörige sich darüber austauschen können, wie sie mit den vielfältigen Belastungen, die durch die Erkrankung eines Familienmitgliedes entstanden sind, besser fertigwerden. Zum anderen politische Lobby-Arbeit. Die Angehörigen setzen sich auf allen politischen Ebenen vehement für den Ausbau der Gemeindepsychiatrie ein. Vorrang haben dabei ambulante Dienste mit Kriseninterventionsdiensten, die rund um die Uhr zur Verfügung stehen. Der Bundesverband veranstaltet im Zusammenhang mit dem Dachverband Tagungen und berät Interessenten beim Aufbau von Angehörigengruppen.

Deutsche Behindertenhilfe **Aktion Sorgenkind** e.V., Franz-Lohe-Str. 17, **5300 Bonn**, ☎ 0228/226-1.

Bundeselternvereinigung für **anthroposophische Heilpädagogik** und Sozialtherapie e.V., Obersondern 1, **5600 Wuppertal 23**, ☎ 0202/61067/69.

In der Bundesvereinigung haben sich Elternvereine zusammengeschlossen, die

sich in anthroposophischen Tagesstätten, Heimen und Werkstätten in der BRD gebildet haben.
Solche Einrichtungen, die auf der Grundlage der Heilpädagogik nach Rudolf Steiner arbeiten, gibt es in Deutschland für körperlich, geistig oder seelisch behinderte Menschen mittlerweile in vielfältiger Form. Aufgabe der Elternvereinigungen ist es es, sich für die Belange Behinderter allgemein und für diejenigen der Behinderten in anthroposophischen Einrichtungen besonders einzusetzen.

Vereinigung **Kleiner Menschen** e.V., Dieter Fendel, Goethestr. 50a, **5600 Wuppertal 11**, ☎ 0202/782673.
Es gibt unter den Wachstumsbehinderungen zwei dominierende Kleinwuchserscheinungen: 1. den hyposphären Kleinwuchs, hervorgerufen durch einen isolierten Mangel an Wachstumshormonen (Hirnanhangdrüse); 2. den unproportionierten Kleinwuchs (Achondroplasie), dem eine Knochenknorpelerkrankung zugrundeliegt.
Die Vereinigung Kleiner Menschen vertritt die sozialpolitischen Interessen der Wachstumsbehinderten und verfolgt ausschließlich gemeinnützige Zwecke. In sieben Bezirken (Berlin, Düsseldorf, Frankfurt, Hamburg, Kassel, München und Stuttgart) finden regelmäßig Treffen statt.

Hinweis: Bei der **Elterngruppe kleinwüchsiger Kinder** (Nordwohlstede 145, 2830 Bassum 1) ist eine Informationsbroschüre für betroffene Eltern erhältlich, gegen Einsendung eines mit DM 1,10 frankierten DIN-A 5 Umschlages.

Arbeitsgemeinschaft **Spina bifida und Hydrocephalus** (ASbH) e.V., Feldstr. 31, **5750 Menden 1**, ☎ 02373/67576. Spina bifida bedeutet offener Rücken, d.h. daß das Rückgrat in der vorgeburtlichen Entwicklung nicht voll ausgebildet wurde. Das betroffene Baby kommt bereits mit schweren Lähmungen und Lähmungsfolgen an Gliedmaßen und inneren Organen zur Welt.
Beim Hydrocephalus handelt es sich um eine Störung des Gehirnwasserkreislaufes, für die man die sehr unglückliche Übersetzung »Wasserkopf« gewählt hat. Die Krankheit tritt bei 80 von 100 Spina bifida-Kindern (und bei etwa 3 pro tausend Neugeborenen überhaupt) auf.
Die ASbH ist eine Gemeinschaft von Betroffenen, ihren Eltern, Ärzten, Personen der Nachsorge sowie Fördermitgliedern. Sie wollen Selbsthilfe verwirklichen und die gemeinsamen Belange vertreten. 40 Bereichsgruppen wurden bereits bundesweit ins Leben gerufen (Anschriften auf Wunsch). Angeboten werden z.B. Einführungsseminare für betroffene Eltern; Rollstuhl- und Mobilitätstrainingskurse für Kinder und Jugendliche; Freizeiten, Seminare und Trainingskurse für Jugendliche u.ä. Viermal jährlich erscheinen der ASbH-Brief, eine Zeitschrift mit Fach- und Reiseberichten, Anregungen und Kontaktwünschen und -angeboten sowie Fachbroschüren namhafter Autoren.

Fördergemeinschaft der Querschnittsgelähmten in Deutschland e.V.

Silcherstr. 15, **6521 Mölsheim**, ☎ 06243/8425.
Die Fördergemeinschaft ist ein gemeinnütziger Verein, der sich die Verbesserung der Lebenssituation Querschnittsgelähmter (der Betroffenen und ihrer Angehöri-

gen) zum Ziel gesetzt hat. Deshalb ist man bemüht, praktische Problemlösungen für alle Lebensbereiche zu erarbeiten, von Schmerzsymptomen über Hilfsmittel, Bauen und Umwelt, bis hin zu Urlaub und Freizeit. Man unterstützt Forschungsvorhaben und leistet Einzelfallhilfe, wo das Netz der sozialen Sicherheit nicht ausreicht.
Der Verein gibt vierteljährlich den »Paraplegiker« heraus, ein informatives Nachrichtenmagazin der Querschnittsgelähmten mit Leserforum (Jahresabo DM 20,-- + Zustellgebühr).

Verband evangelischer Einrichtungen für **geistig und seelisch Behinderte** im Diakonischen Werk der EKD, Stafflenbergstr. 76, **7000 Stuttgart 1,** ☎ 0711/21591.

Bundesverband Selbsthilfe Körperbehinderter e.V. (BSK)
7109 Krautheim/Jagst, ☎ 06294/680.
Der Bundesverband wurde 1955 gegründet und ist für Körperbehinderte aller Art und Ursachen offen. Sein Zweck ist (unabhängig von Konfession oder Partei) die Hilfeleistung in sozialer, beruflicher und gesundheitsfürsorglicher Hinsicht. Gefördert werden Berufseingliederungsmaßnahmen jeder Art, der Bau von behindertengerechten Wohnungen und Wohnheimen, Jugendarbeit, Freizeit, Ferien und Erholung im In- und Ausland, Einrichtung von Begegnungsstätten, Behindertensport.
In Krautheim/Jagst unterhält der Bundesverband ein Wohnzentrum für Schwerkörperbehinderte mit 121 Plätzen. In über 60 Gruppen in der BRD finden sich die Mitglieder zu informativen und geselligen Veranstaltungen zusammen. Eigene Wohn- und Erholungseinrichtungen befinden sich in Aachen, Bonn, Heidenheim/Mfr., Krautheim/Jagst und Sosberg/Hunsrück. Die Werkstatt für Behinderte (WfB) hat gegenwärtig 60 behindertengerechte Arbeitsplätze. Der Aus- und Neubau ist inzwischen in die Wege geleitet, wodurch weitere 20 Arbeitsplätze geschaffen werden. Behindertengerechte Arbeitsplätze entstehen in der Druckerei mit Lithographie und Satz, im Versand, in der Versandbuchhandlung, in der Industriemontage, im Orthopädie- und Hilfsmittelversand sowie im Büro- und Verwaltungsbereich.
Ein verbandseigenes Magazin für Behinderte (»Leben und Weg«) erscheint nun bereits im 28. Jahr.

Human International e.V., Zentrale Verwaltung, Riedhof 2, **7793 Sauldorf-Boll,** ☎ 07777/336.
Der Verein organisiert Hilfsmaßnahmen, z.B. Rollstühle, sanitäre und medizinische Geräte für Behinderte nach Katastrophen (Dritte Welt).

Verband Katholischer Einrichtungen für **Lern- und geistig Behinderte** e.V., Postfach 420, **7800 Freiburg,** ☎ 0761/2001.

Unfallopfer-Hilfswerk — humanitäre Gesellschaft für soziale Hilfe, Fürstenrieder Str. 5, **8000 München 21,** ☎ 089/ 587411.
Die Gesellschaft unterhält behindertengerecht ausgestattete Fahrzeuge, mit Hebebühne und Auffahrrampe, und Wohnwagen, die gegen eine geringe Kostenbeteiligung ausgeliehen werden können. Desweiteren bietet das Hilfswerk Inhabern eines Behindertenausweises die Möglichkeit eines kostengünstigen Kur-Urlaubs (DM 25,- ÜF/Tag) in Bad Wimp-

fen und Bad Wiessee an, sowie kostenlose Erholungsmaßnahmen für Personen, die durch einen Unfall neben einer Behinderung auch im wirtschaftlichen Bereich Einbußen erlitten haben. Ferner verfügt das Hilfswerk über einen kostenlosen Rollstuhldienst. Nähere Auskünfte sind unter der o.a. Anschrift erhältlich.

Bundesverband **Skoliose Selbsthilfe** e.V., Zankenhauser Str. 7, **8088 Eching,** ☎ 08143/1563.

Die Wirbelsäule ist bei gesunden Menschen, von vorne gesehen, gerade. Mit Skoliose bezeichnet man die seitliche Verbiegung, mit Kyphose die Ausbiegung nach hinten. Lordose ist die Ausbiegung nach vorn. Eine Skoliose kann Begleiterscheinung oder Folge zahlreicher bekannter Krankheiten sein, z.B. spinaler Kinderlähmung sowie Nervenerkrankungen. Skoliosen, die im Alter von 2 bis 4 Jahren oder später bemerkt werden, sind sehr ernst zu nehmende Schäden, die zu schwerwiegenden körperlichen und seelischen Veränderungen führen können. Dies muß jedoch nicht geschehen. Wenn die Skoliose rechtzeitig erkannt und konsequent behandelt wird, ist es in fast allen Fällen möglich, die davon betroffenen Menschen vor schwerer Behinderung zu bewahren. Ziel des Hilfsbundes ist es, nicht nur die Belange und Interessen seiner Mitglieder Institutionen und Behörden gegenüber zu vertreten, sondern auch Skoliosekranke hinsichtlich der therapeutischen Möglichkeiten in der BRD zu beraten.

TIP:

Soeben hat die Bundesanstalt für Arbeit (Nürnberg) einen neuen Leitfaden »Berufliche Eingliederung Behinderter« herausgegeben (erhältlich bei den Arbeitsämtern), der sich in erster Linie an Vertreter der Schwerbehinderten in Betrieben und Dienststellen wendet. Darin werden z.B. detailliert die finanziellen Hilfen der zuständigen Leistungsträger zur Eingliederung von Behinderten dargestellt sowie Selbsthilfeverbände und weitere Kontaktadressen aufgeführt.

Behörden

Bundesgesundheitsamt (BGA)

Thielallee 88/92, **1000 Berlin 33,** ☎ 030/ 8308-0.

Das BGA gehört zum Geschäftsbereich des Bundesministeriums für Jugend, Familie, Frauen und Gesundheit und wurde 1952 als selbständige Bundesoberbehörde errichtet. Es ist die zentrale Forschungseinrichtung der BRD auf dem Gebiet der öffentlichen Gesundheitspflege und hat drei Aufgaben:

1. Forschung auf den Gebieten der Arzneimittelsicherheit, des gesundheitlichen Verbraucherschutzes, der Umwelt- und Strahlenhygiene sowie der Prävention und Intervention im human— und veterinärmedizinischen Bereich.
2. Erledigung von Aufgaben der Exekutive auf den Gebieten des Arzneimittel- und Betäubungsmittelrechts, des Seuchenrechts, des Lebensmittelrechts und des allgemeinen gesundheitlichen Ordnungsrechts.
3. Wissenschaftliche Beratung der Bun-

desregierung und internationaler Gremien.

Senator für **Gesundheit und Soziales,** An der Urania 12, **1000 Berlin 30,** ☎ 030/21221.

Senator für Stadtentwicklung und Umweltschutz, Lindenstr. 20-25, **1000 Berlin 61,** ☎ 030/25860.

Umweltbundesamt (UBA)

Bismarckplatz 1, **1000 Berlin 33,** ☎ 030/89031.

Umweltbehörde, Steindamm 22, **2000 Hamburg 1,** ☎ 040/24825-1.

Gesundheitsbehörde, Tesdorpfstr. 8, **2000 Hamburg 13,** ☎ 040/44195-0.

Senator für **Gesundheit** und Sport, Große Weidestr. 4-6, **2800 Bremen,** ☎ 0421/3611.

Senator für **Umweltschutz,** Große Weidestr. 4-6, **2800 Bremen,** ☎ 0421/3971.

Minister für **Ernährung,** Landwirtschaft und Forsten, Calenberger Str. 2, **3000 Hannover,** ☎ 0511/1201.

Minister für **Umwelt,** Archivstr. 2, **3000 Hannover,** ☎ 0511/ 1201.

Sozialminister, Hinrich-Wilhelm-Kopf-Platz 2, **3000 Hannover,** ☎ 0511/1201.

Minister für Arbeit, **Gesundheit** und Soziales, Horion-Platz 1, **4000 Düsseldorf,** ☎ 0211/83703.

Minister für **Umwelt,** Raumordnung und Landwirtschaft, Roßstr. 135, **4000 Düsseldorf,** ☎ 0211/45631.

Bundeskanzleramt

Ausschuß für Jugend, Familie und Gesundheit, Adenauerallee 99-103, **5300 Bonn 1,** ☎ 0228/16-4187.

Der Bundesminister für Arbeit und Sozialordnung

Abteilung Versorgungsmedizin und Rehabilitation, Rochusstr. 1, **5300 Bonn,** ☎ 0228/527-2685.

Der Bundesminister für Jugend, Familie, Frauen und Gesundheit

Kennedyallee 105-107, **5300 Bonn 2,** ☎ 0228/3080.

Der Bundesminister für Umwelt-, Naturschutz und Reaktorsicherheit

Postfach 120629, **5300 Bonn 1,** ☎ 0228/5580.

Deutscher Bundestag, **Ausschuß für Ernährung, Landwirtschaft und Forsten,** Görresstr. 15, **5300 Bonn 1,** ☎ 0228/162580.

Deutscher Bundestag, **Ausschuß für Jugend, Familie und Gesundheit,** Görresstr. 15, **5300 Bonn 1,** ☎ ☎ 0228/162407.

Fraktion der **CDU/CSU** im Bundestag, Arbeitsgruppe Gesundheit, Görresstr. 15, **5300 Bonn 1,** ☎ 0228/165561.

Fraktion **Die Grünen** im Bundestag, Arbeitskreis Gesundheit, Görresstr. 15, **5300 Bonn 1,** ☎ 0228/167212.

Fraktion der **FDP** im Bundestag, Arbeitskreis Gesundheit, Görresstr. 15, **5300 Bonn 1,** ☎ 0228/163410.

Fraktion der **SPD** im Bundestag, Arbeitskreis Gesundheit, Görresstr. 15, **5300 Bonn 1,** ☎ 0228/162103.

Bundesamt für Ernährung und Forstwirtschaft, Adickesallee 40, Postfach 18 02 03, **6000 Frankfurt/Main 18,** ☎ 069/15640.

Minister für **Umwelt** und Energie, Dostojewskistr. 8, **6200 Wiesbaden,** ☎

06121/8171.
Sozialminister, Dostojewskistr. 4, **6200 Wiesbaden**, ☎ 06121/8171.

Minister für **Umwelt und Gesundheit**, Bauhofstr. 4, **6500 Mainz**, ☎ 06131/161.

Minister für **Arbeit und Sozialordnung**, Franz-Josef-Röder-Str. 21, **6600 Saarbrücken**, ☎ 0681/501-1.
Minister für **Umwelt**, Hardenbergstr. 8, **6600 Saarbrücken**, ☎ 0681/501-1.
Staatliches Institut für **Hygiene und Infektionskrankheiten**, Malstatter Str. 17, **6600 Saarbrücken**, ☎ 0681/5015106.

Minister für Arbeit, **Gesundheit**, Familie und Sozialordnung, Rotebühlplatz 30, **7000 Stuttgart 1**, ☎ 0711/6673-0.
Minister für **Umwelt**, Heilbronner Str. 127-129, **7000 Stuttgart 1**, ☎ 0711/123-0.

Staatsminister für **Arbeit und Sozialordnung**, Winzererstr. 9, **8000 München 40**, ☎ 089/126101.
Staatsminister für **Ernährung**, Landwirtschaft und Forsten, Ludwigstr. 2, **8000 München 22**, ☎ 089/21821.
Bayerisches Landesamt für **Umweltschutz**, Rosenkavalierplatz 3, **8000 München 81**, ☎ 089/92141.

Bewegungsapparat

(siehe auch unter »Rheuma«)

Osteoporose-Selbsthilfeverband, c/o Karin Albrecht, Roßstr. 47, **4000 Düsseldorf 30**, ☎ 0211/463191.
Osteoporose, auch Knochenschwund genannt, ist eine Erkrankung, die vor allem bei Frauen während und nach den Wechseljahren auftritt. Sie kann zum gefürchteten Oberschenkelhalsbruch oder zum »Witwenbuckel« führen. Eine rechtzeitige Vorbeugung ist hier besonders wichtig, wobei der bewußten Ernährung (Zufuhr von ausreichend Mineralstoffen, vor allem Calcium) und regelmäßigem Bewegungstraining (Gymnastik, Dauersportarten wie Jogging, Schwimmen oder Radfahren) eine besondere Bedeutung zukommt.

Gesellschaft für **Wirbelsäulenforschung**, c/o Neurologische Klinik, Hunscheidstr. 1, **4630 Bochum**, ☎ 0234/3021.

Internationaler Arbeitskreis zur Erforschung der **Funktionskrankheiten des Bewegungsapparates** (IAFK), Mittelstr. 26, **5828 Ennepetal**, ☎ 02333/70675.

Kuratorium Knochenschwund e.V., Prof. Dr. H. W. Minne, Endokrinol. Ambulanz, Luisenstr. 5, **6900 Heidelberg**, ☎ 06221/565450.
Das Wissen um die Osteoporose (Knochenschwund), ihre möglichen Ursachen, Prophylaxe und Therapie, ist leider in der Bevölkerung noch nicht sehr weit verbreitet. Mit der Folge, daß viele der Betroffenen nicht wissen, daß sie erkrankt sind und deshalb nicht rechtzeitig behandelt werden können.
Um hier eine Veränderung zu bewirken wurde 1987 das Kuratorium Knochengesundheit gegründet, in dem sich die Mehrzahl der in Deutschland in der Osteoporose-Forschung und -Behandlung tätigen Mediziner zusammengeschlossen hat.
Das Kuratorium hat u.a. eine 60seitige Patientenbroschüre mit Anleitungen zur Krankengymnastik, Diät u.a. herausgegeben. Diese Schrift kann gegen DM 1,40 in Briefmarken + Adreßaufkleber bestellt werden beim »Informationsbüro Knochengesundheit«, Postfach 1337, 5223

Nümbrecht.

Deutsche Gesellschaft **Bekämpfung der Muskelkrankheiten** e.V.(DGBM), Hohenzollernstr. 11, **7800 Freiburg,** ☎ 0761/ 277932 + 278024.

Im Volksmund spricht man vom »Muskelschwund«. In der medizinischen Fachwelt werden mehr als hundert Erkrankungen der Skelettmuskulatur unterschieden, die fast alle noch nicht heilbar sind. Es gibt wahrscheinlich 50.000 oder mehr Muskelkranke in unserem Lande. Die Krankheit befällt Kinder, Jugendliche und Erwachsene in einer Vielzahl von Erscheinungsformen. Weltweit wird nach den Ursachen der Erkrankung gesucht. Die Wissenschaft bemüht sich darum, die Auswirkungen der Krankheit günstig zu beeinflussen.

Seit 1965 ist die DGBM der bundesweit tätige Selbsthilfeverein für alle Muskelkranke. Die Betroffenen stehen im Mittelpunkt der Vereinsarbeit. Die Hilfe erfolgt in 11 Landesgruppen durch über 100 ehrenamtliche Kontaktpersonen, die von 36 Familien- und Patientenberatern unterstützt werden. Seminare für Eltern und alle Altersgruppen werden geboten sowie Treffen auf lokaler, regionaler und Bundesebene. Vereinsorgan ist der »Muskelreport«.

Gesellschaft für **Osteogenesis imperfecta Betroffene** e.V., Straßbergerstr. 38, **8000 München 40,** ☎ 089/3516177 (Geschäftsstelle: Postfach 1453, 6290 Weilburg, ☎ 06471/2218).

Die Osteogenesis imperfecta, auch »Glasknochenkrankheit« genannt, ist eine seltene, genetisch heterogene Bindegewebserkrankung, deren Hauptsymptome eine stark erhöhte Frakturbereitschaft und die Neigung zu Skelettverbiegungen sind. Sie tritt mit einer Häufigkeit von ungefähr 5 : 100.000 auf; in der BRD gibt es z.Zt. 3.000 bis 4.000 Betroffene.

Die im Jahre 1984 gegründete Gesellschaft, zu deren Mitgliedern sowohl Betroffene und ihre Angehörigen, aber auch Ärzte und Therapeuten zählen, hat es sich als Selbsthilfegruppe zur Aufgabe gemacht, ihre Mitglieder bei der Bewältigung ihrer vielfältigen Probleme (körperliche Pflege, medizinische und soziale Rehabilitationsmöglichkeiten) sachgemäß zu unterstützen.

Zu diesen Hilfen zählen neben den Fachtagungen und Treffen mit gegenseitigem Erfahrungsaustausch auch fachbezogene Veröffentlichungen, Aufklärung der Öffentlichkeit sowie das Engagement um Rehabilitation ab dem Kleinkindalter etc., um nur einige Tätigkeitsfelder zu nennen.

Deutsche Vereinigung Morbus Bechterew e.V.

Adam-Lang-Str. 19, **8720 Schweinfurt,** ☎ 09721/22033.

Die Bechterewsche Krankheit ist eine chronisch-entzündliche, im allgemeinen fortschreitende rheumatische Wirbelsäulenerkrankung die zur Versteifung und Verknöcherung der Wirbelsäule mit Brustkorbstarre führt. Die Krankheit betrifft den ganzen Organismus, sodaß auch andere Organe beteiligt sein können. Etwa 1 bis 2 Prozent der Bevölkerung (in der Mehrzahl Männer) erkranken an Morbus Bechterew.

Die Vereinigung Morbus Bechterew hat es sich zum Ziel gesetzt, Maßnahmen zur Früherkennung des Leidens zu fördern, da nur durch frühzeitige Intervention die Versteifung und Verkrümmung der Wir-

belsäule verhindert werden kann.
Eine wichtige Unterstützung für die Betroffenen sind die rund 200 örtlichen Bechterew-Selbsthilfegruppen. Sie bieten eine Reihe von therapeutischen Maßnahmen an (Bewegungsbad, Schwimmen, Gymnastik, Volleyball) und vermitteln durch den Kontakt zu gleichartig betroffenen Kranken vielfältige Hilfen und Anregungen zur Bewältigung der psychosozialen Folgen der Erkrankung. In diesen Kontaktgruppen stehen neben dem Erfahrungsaustausch z.B. über Behandlungsmethoden oder Kuren auch Gespräche über persönliche Probleme und gesellschaftliche Aktivitäten im Mittelpunkt.
Landesverbände gibt es in **1000 Berlin 20** (Claus Hacker, Saatwinkler Damm 357, ☎ 030/3341695), **Hessen** (Dr. Theo Frühauf, Friedrichsplatz 9, 3550 Marburg, ☎ 06421/13141), **Nordrhein-Westfalen** (Geschäftsstelle: Kirchfeldstr. 149, 4000 Düsseldorf 1, ☎ 0411/347471), **Rheinland-Pfalz** (Ludger M. Kochinke, Gartenfeldstr. 21, 6500 Mainz, ☎ 06131/612255), **Saar** (Gerhard Brehm, Neukircher Str. 10, 6688 Illingen, ☎ 06825/43911), **Baden-Württemberg** (Holger Luhm, Friedrichsberg 36, 7000 Stuttgart 80, ☎ 0711/713922), **Bayern** (Prof. Dr. Ernst Feldtkeller, Michaeliburgst. 15, 8000 München 80, ☎ 089/493376).

Spezialkliniken (Auswahl):

Privatklinik Dr. Butendieck, Nordmannstr. 18, 3250 Hameln 1, ☎ 05151/65090.

St. Rochus Klinik, Kraichgaustr. 11, 7525 Bad Schönborn, ☎ 07253/82-1.

Bio-Landbau

Ökoring Niedersachsen, Walsroderstr. 12, **3032 Fallingbostel,** ☎ 05162/1764.

Verein **Biologische Bodenpflege,** Gebr.-Woge-Str. 13, **3222 Alfeld,** ☎ 05181/1352.

Lehrstuhl für Methoden des alternativen Landbaus, Nordbahnhofstr. la, **3430 Witzenhausen,** ☎ 05552/503565.

Arbeitskreis **Landwirschaft BUND,** Im Rheingarten 7, **5300 Bonn,** ☎ 0228/462084.

ANOG

Arbeitsgemeinschaft für naturnahen Obst-, Gemüse- und Feldfruchtanbau e.V., Anton-Reuter-Str. 18, **5400 Koblenz-Metternich,** ☎ 0261/23633.
1962 von Leo Fürst, einem Obstbauern, gegründet. Das Ziel ist ein Landbau »so gesund wie möglich, so giftig wie nötig«. Der Einsatz von Chemikalien wird also nicht gänzlich ausgeschlossen (was vorwiegend für den Obstbau gilt).
Vereinsorgan ist die »ANOG Information« (4 Hefte im Jahr).
Qualitätssymbol: »ANOG« (+ ANOG-Erzeugnisse aus Umstellungsbetrieben).

Naturkost e.V., Pfortenstr. 13, **6056 Heusenstamm,** ☎ 06104/65202.

Institut für **biologisch-dynamische Forschung** e.V., Brandschneise 5, **6100 Darmstadt,** ☎ 06155/2672.

Forschungsring für Biologisch-Dynamische Wirtschaftsweise e.V.

Baumschulenweg 11, **6100 Darmstadt,** ☎ 06155/2673/4
und

Demeter-Bund
Postfach 710131, **7000 Stuttgart 75 (Heumaden)**, ☎ 0711/4411025.
Die bio-dynamische Anbauweise geht zurück auf Rudolf Steiner, den Begründer der Anthroposophie, der 1924 in Vorträgen »Geisteswissenschaftliche Grundlagen zum Gedeihen der Landwirtschaft« aufstellte. Die von ihm vertretene Wirtschaftsweise ist den Zusammenhängen von Erde-Mensch-Kosmos in besonderer Weise verpflichtet.
Vereinsorgan ist die Zeitschrift »Lebendige Erde« (alle zwei Monate).
Die Qualitätssymbole sind: »demeter« und »Biodyn« (für Produkte aus Umstellbetrieben).

INFOAM, Internationale Föderation ökologischer Landbaubewegungen, Ökozentrum Imsbach, **6695 Tholey-Theley**, ☎ 06853/5190.

Bundesverband **Ökologischer Weinbau** e.V., Obergasse 9, **6719 Ottersheim**, ☎ 06355/1285.
Der Verband besteht seit 1985. Ein besonderes Problem für biologische Weinbauern ist es, daß das deutsche Weinrecht bestimmte Qualitätsbezeichnungen auf dem Weinetikett verbietet (sowohl z.B. »Öko-Wein« als auch »organisch-biologisch« oder »aus kontrolliertem Anbau«).

Stiftung Ökologischer Landbau, Eisenbahnstr. 28-30, **6750 Kaiserslautern**, ☎ 0631/64265.

Gesellschaft für **Boden und Gesundheit**, Postfach 19, **7183 Langenburg**, ☎ 07905/269.

Bauernschule Hohenlohe, **7184 Weckelweiler**, ☎ 07954/226.

Fördergemeinschaft organisch-biologischer Land- und Gartenbau e.V.
Barbarossastr. 14, **7336 Uhingen**, ☎ 07161/31012.
Von H. Müller (Schweiz) in den 30er Jahren ins Leben gerufene Anbauweise, wissenschaftlich begründet durch das bekannte Buch »Bodenfruchtbarkeit« des Arztes P. Rusch.
Vereinsorgan ist die Zeitschrift »Bioland« (alle zwei Monate).
Qualitätssymbol ist »Bioland« bzw. »Bioland-Produkte — aus dem Umstellungsbetrieb«.

Naturland
Verband für naturgemäßen Landbau e.V., Kleinhaderner Weg 1, **8032 Gräfelfing**, ☎ 089/8545071.
Qualitätssymbol ist »Naturland« (+ »aus Umstellungsbetrieb«).
Vereinsorgan: »Naturland-Informationen«.

Biokreis Ostbayern e.V.
Rosensteig 13, **8390 Passau**, ☎ 0851/42345.
Qualitätssymbol: »Biokreis«.
Vereinsorgan: »Bio-Nachrichten« (4 Hefte im Jahr).

Blinde

Norddeutsche **Blindenhörbücherei**, Adolfstr. 46, **2000 Hamburg 76**, ☎ 040/2206886.

Vereinigung der Freunde **blinder und sehbehinderter Kinder** e.V., Südring 24, **2000 Hamburg 60,** ☎ 040/2797186.

Deutsches **Taubblindenwerk,** Albert-Schweitzer-Hof 27, **3000 Hannover 71,** ☎ 0511/525054.

Arbeitsgemeinschaft der Blindenhörbüchereien

Am Schlag 2a, **3550 Marburg,** 06421/606261.

Die in der Arbeitsgemeinschaft zusammengefaßten Blindenhörbüchereien (eine Liste der Mitglieder in den Bundesländern wird auf Anforderung zugeschickt) bieten den blinden Hörern Literatur aus dem belletristischen und wissenschaftlichen Bereich. Die Kataloge der einzelnen Hörbüchereien sind auch auf Hörkassette, teilweise in Punktschrift erhältlich. Der Zentralkatalog, den die Arbeitsgemeinschaft führt, umfaßt gegenwärtig ca. 22.000 Werke.

Außer einer Aufnahmegebühr entstehen dem blinden oder sehgeschädigten Benutzer der Hörbücherei (ein Nachweis der Behinderung durch Attest ist Voraussetzung) keine Kosten. Die Blinden-Hörbücherei in Marburg ist als einzige auf wissenschaftliche Literatur spezialisiert, weshalb bei ihr Sehbehinderte aus der ganzen BRD und dem Ausland Hörer werden können.

Deutscher Verein der Blinden und Sehbehinderten in Studium und Beruf e.V. (DVBS)

Frauenbergstr. 8, **3550 Marburg,** ☎ 06421/481450.

Der Verein wurde im Jahre 1916 (damals noch »Verein der blinden Geistesarbeiter Deutschlands«) von Prof. Dr. Carl Strehl gegründet. Auf der Grundlage des Selbsthilfegedankens ist es vornehmliches Ziel, blinden und sehbehinderten Bürgern durch ein Höchstmaß an Ausbildung zum bestmöglichen Beruf zu verhelfen. Die Aufgaben des Vereins sind heute die Beratung Blinder und Sehbehinderter in allen den Berufsweg betreffenden Fragen, die Anregung und Förderung von Forschungs- und Entwicklungsvorhaben, die Publikation einer über die Aufgabenkreise des Vereins möglichst umfassend informierenden Zeitschrift (6 Ausgaben in Punktschrift, 4 Ausgaben in Normalschrift) sowie die Beratung (sowohl in Marburg wie in örtlichen Bezirksgruppen) und Förderung der Deutschen Blindenstudienanstalt und der Deutschen Blinden-Hörbücherei.

Gezielte Fachgruppeninformationen auf Tonbandkassetten gibt es für Mitglieder z.B. über »Ausbildung«, »Lehrer und Philologen«, »Mathematik, Naturwissenschaft und Technik«.

Christlicher **Blindendienst** e.V., Fachverband im Diakonischen Werk der Evangelischen Kirche in Deutschland, mit Evangelischer **Blindenhörbücherei,** Lessingstr. 5, **3550 Marburg,** ☎ 06421/42222.

Der Blindendienst bemüht sich um gleichberechtigte und vollberechtigte Eingliederung der blinden und sehbehinderten Menschen in die Gemeinde. Dies geschieht auf vielen Feldern:

1. Durch Begegnungstreffen, Seminare und Freizeiten.

2. Durch Herausgabe von insgesamt 16 Magazinen für Blinde und Sehbehinderte in Blindendrucken, Großdrucken sowie

Tonbandkassetten (Literaturliste auf Anforderung).
3. Die Evangelische Hörbücherei bietet zahlreiche Titel aus dem Bereich der christlichen Literatur an. Die Bücher werden meist im eigenen Tonstudio auf Band gesprochen und kostenlos an blinde Hörer im In- und Ausland ausgeliehen (Hörbücherverzeichnis auf Anfrage).
4. Der Blindendienst hat es sich ganz besonders zur Aufgabe gestellt, taubblinden Christen in ihrer doppelten Behinderung zu helfen, damit sie den Weg aus ihrer kaum vorstellbaren Isolierung herausfinden (Bibel- und Erholungsfreizeiten).

Deutsche **Katholische Blindenbücherei**, Graurheindorfer Str. 151a, **5300 Bonn 1**.

Deutscher Blindenverband e.V. (DBV)
Bismarckallee 30, **5300 Bonn 2**, ☎ 0228/353019.
Der DBV vertritt als Spitzenorganisation die Anliegen der ca. 75.000 Blinden in der Bundesrepublik Deutschland. Die Hauptaufgaben dieser Selbsthilfeorganisation bestehen darin, alle Maßnahmen zu fördern, die der Eingliederung blinder Menschen in Beruf und Gesellschaft dienen. In besonderer Weise nimmt sich der DBV auch der Frühförderung und Früherziehung blinder Kinder an. Für sie hat er u.a. spezielle Spiel- und Lernmethoden geschaffen, wie etwa die tastbaren Reliefbücher.
Vereinsorgan ist die Zeitschrift »Blindenselbsthilfe«.

Blindeninstitutsstiftung Würzburg, Ohmstr. 7, **8700 Würzburg**.
Frühförderung blinder und sehgeschädigter Kinder.

Bluter

Deutsche Hämophiliegesellschaft zur Bekämpfung von Blutungskrankheiten e.V.
Halenseering 3, **2000 Hamburg 73**, ☎ 040/6722970.
In der Bundesrepublik Deutschland leben etwa 6.000 Menschen mit der Bluterkrankheit. Der größere Teil leidet an einer schweren Form; die leichteren Fälle sind jedoch keineswegs harmlos. Größte Gefahren erwachsen den Blutern nicht aus äußeren Verletzungen, sondern aus inneren, überwiegend spontanen Blutungen. Besonders gefürchtet sind die Folgen nicht rechtzeitig erkannter und behandelter Blutungen in Muskulatur und Gelenken: Bewegungseinschränkungen und bleibende Körperbehinderungen. Durch rechtzeitige und gezielte Therapie (intravenöse Verabreichung des fehlenden Gerinnungsstoffes aus Blutplasma) können schwerwiegende Blutungsfolgen verhindert werden.
Überschattet werden diese medizinischen Erfolge durch eine Arzneimittelkatastrophe ungeahnten Ausmaßes: Durch Übertragung des AIDS-Virus an etwa die Hälfte aller Bluter infolge verseuchter Gerinnungsmedikamente. So erkranken und sterben in zunehmendem Maße Blutungskranke an AIDS und brauchen dringend entsprechende psychosoziale Hilfen.
Ein wichtiger Arbeitsschwerpunkt für die Notgemeinschaft ist in diesem Zusammenhang die Arzneimittelhaftung. Ab 1988 will man in besondere Weise daran arbeiten, daß alle infizierten Blutungskranken in den Genuß eines angemessenen Schadenersatz kommen.

Diabetes und Stoffwechselleiden

Bei der Zuckerkrankheit handelt es sich im wesentlichen um eine Wohlstandskrankheit (dies gilt jedenfalls für den Erwachsenendiabetes) und um die häufigste Stoffwechselerkrankung überhaupt. Sie ist im eigentlichen Sinne nicht heilbar; trotzdem ist es dem Kranken heute möglich, durch entsprechende kontrollierte Therapie und bewußte Verhaltensschulung (Ernährung, Bewegungstraining) ein weitgehend normales Leben zu führen.

Deutscher **Reisedienst für Diabetiker (DRD)**, Körnerstr. 9, **2850 Bremerhaven**, ☎ 0471/42429.

Gesellschaft zur Förderung der **Erforschung der Zuckerkrankheit**, Aufm Hennekamp 65, **4000 Düsseldorf**, ☎ 0211/33821.

Deutscher Diabetiker-Bund e.V. (DDB)

Bundesgeschäftsstelle, Lilienthal-Str. 21, **4650 Gelsenkirchen**, ☎ 0209/45088.

In der Bundesrepublik Deutschland sind etwa 1,5 Millionen Menschen Diabetiker. Da Diabetes keine vorübergehende Krankheit, sondern ein lebenslanges Schicksal darstellt, sind Diabetiker in der Gesellschaft (wie alle »Behinderten«) ungerechtfertigter Diskriminierung ausgesetzt. Dies war einer der Gründe, warum sich Diabetiker im Deutschen Diabetiker-Bund e.V. als Selbsthilfeorganisation zusammengefunden haben. Inzwischen hat man im Bundesgebiet etwa 17.000 Mitglieder. Der Diabetiker-Bund hat sich darüber hinaus zur Aufgabe gemacht, mit Hilfe von erfahrenen Diabetes-Ärzten alle Diabetiker zu informieren und zu schulen, damit sie mit ihren Problemen fertigwerden. Es hat sich gezeigt, daß gut geschulte Diabetiker leistungsfähig wie Gesunde sind. Das monatlich erscheinende offizielle Organ des Deutschen Diabetiker-Bundes »Diabetes-Journal« unterstützt dabei die Bemühungen um Information und Schulung.

Landesverbände: **Berlin 20** (Mittelstr. 2, ☎ 030/3355388); **Hamburg** (Bei der Matthäuskirche 4, ☎ 040/2791021); **Schleswig-Holstein** (Hörn 10, 2306 Krokau, ☎ 04344/2103); **Bremen** (Körnerstr. 9, 2850 Bremerhaven-Lehe, ☎ 0471/42429); **Niedersachsen** (Gretchenstr. 30, 3000 Hannover 1, ☎ 0511/317004); **Nordrhein-Westfalen** (siehe Bundesgeschäftsstelle); **Hessen** (Terrassenstr. 8, 6350 Bad Nauheim, ☎ 06032/33838); **Rheinland-Pfalz** (bei Bundesgeschäftsstelle erfragen); **Saarland** (Hülzweiler Str. 35, 6630 Saarlouis, ☎ 06831/81991); **Baden-Württemberg** (Grillparzerstr. 4, 7500 Karlsruhe 21, ☎ 0721/856185); **Bayern** (Museumstr. 4a, 8930 Schwabmünchen, ☎ 08232/2097).

Jumbo-Reisen für Diabetiker e.V., Hermannstr. 4, **4900 Herford**, 05221/58092.

Bundesverband der **Insulinpumpenträger** e.V., c/o Ute Schinke, Reinekestr. 31, **5000 Köln 90**, 02203/25862.

Deutsche **Diabetes-Stiftung**, Viktoriastr. 51, **5600 Wuppertal 1**, ☎ 0202/312982.
1986 von Ärzten und Diabetikern gegründet, gleichermaßen zur Intensivierung von Forschung und Lehre wie zur Schulung und Betreuung der Zuckerkranken.

Zentrum für **jugendliche Diabetiker**, Danziger Weg 1, **5880 Lüdenscheid**, ☎

02351/85051.
(Heimstätte für mehrfach behinderte diabetische Kinder und Jugendliche).

Deutscher Diabetiker-Verband e.V., Hahnbrunner Str. 46, **6750 Kaiserslautern,** ☎ 0631/76488.

Förderkreis Eltern **diabetischer Kinder und Jugendlicher** e.V., Ochsenberg 23, **6750 Kaiserslautern 28,** ☎ 0631/42422.

Deutsche Interessengemeinschaft für **Kinder mit Phenylketonurie** (PKU) und verwandte angeborenen Stoffwechselstörungen e.V., Bergstr. 139, **6900 Heidelberg 1,** ☎ 06221/562333.
Bei jedem zehntausendsten Neugeborenen in der Bundesrepublik Deutschland stellt man mit Hilfe des Screening zur Auffindung von Stoffwechseldefekten eine Phenylketonurie (PKU) fest. Wichtig ist es, daß gleich mit der Diagnose die Therapie beginnt und eine Spezialdiät eingehalten wird. Hierdurch können jährlich ca. 60 bis 80 Kinder mit Phenylketonurie vor Schwachsinn bewahrt werden und sich wie andere Kinder entwickeln. Neben der individuellen Beratung von Eltern, bemüht sich die Interessengemeinschaft um die Verbesserung der Gesamtsituation der Betroffenen.

Deutsche **Diabetes-Akademie** Bad Mergentheim e.V., Theodor-Klotzbücher-Str. 12, **6990 Bad Mergentheim,** ☎ 07931/8015.
Es handelt sich um einen gemeinützigen Förderverein für Diabetes in Wissenschaft, Forschung, Fortbildung und Patienteninformation. Man versteht sich als Ergänzung der Diabetes-Selbsthilfe-Organisationen. Praktische Schwerpunkte sind Veranstaltungen zur ärztlichen Fortbildung (6 Veranstaltungen im Jahr), eine monatliche Patientenschulung und ein jährlich abgehaltenes Diabetes-Forum. Die Akademie gibt eine Schriftenreihe zum Diabetes heraus, in der bisher 14 Bände erschienen sind.

Stuttgarter **Diabetes-Initiative** e.V., c/o Rüdiger Voß, Kirchheimer Str. 100, **7000 Stuttgart 75,** ☎ 0711/479469.

Spezialkliniken (Auswahl):

Diabetes-Forschungs-Institut, Aufm Hennekamp 65, 4000 Düsseldorf, ☎ 0211/33821.
Diabetesklinik, Schützenstr. 12, 4970 Bad Oeynhausen, ☎ 05731/9702.
Klinik »Haus Weyer«, W.-Müller-Str. 10, 5483 Bad Neuenahr-Ahrweiler 1, ☎ 02641/24815.
Diabetesklinik, Terrassenstr. 8, 6350 Bad Nauheim, ☎ 06032/31941-44.
Diabetesklinik, Theodor-Klotzbücher-Str. 12, 6990 Bad Mergentheim, ☎ 07931/5940.
Wallberg Sanatorium, Roßwandweg 29, 8183 Rottach-Egern, ☎ 08022/2760.

TIP:

Eine Liste mit therapeutischen Spezialeinrichtungen zur Behandlung der Zukkerkrankheit ist beim Verlag gegen DM 3,-- in Briefmarken erhältlich (VGG, Postfach 1116, 7254 Hemmingen/Württ.).

Dialyse, Künstliche Niere und Nierenleiden

Bei Nierenversagen kommt es zur lebensbedrohlichen Urämie, einer Vergiftung des Blutes durch Substanzen, die üblicherweise mit dem Urin ausgeschieden werden. Um dies zu verhindern, muß der Betroffene sich zwei bis dreimal pro Woche einer Dialysebehandlung unterziehen. In der BRD wird die Dauerdialyse bei mehr als 14.000 Patienten durchgeführt.
Seit etwa 10 Jahren werden in größerem Umfange auch Nierentransplantationen vorgenommen (inzwischen mehr als 1.000 pro Jahr).

Interessengemeinschaft **Künstliche Niere und Transplantation** (IKN) e.V., Schönwalder Allee 26, **1000 Berlin 20,** ☎ 030/3368683.

Interessenverband der Dialysepatienten und Nierentransplantierten Deutschlands e.V. (Künstliche Niere)
Dietmar Steinbrecher, Am Röttgen 48, **4040 Neuss,** ☎ 02101/30735.
Die Zahl der in der Bundesrepublik versorgten Patienten mit chronischem Nierenversagen lag Ende 1985 bei etwa 18.000. Etwa 15.000 waren auf die künstliche Niere angewiesen, eine Maschine, an die sie dreimal pro Woche für 4-6 Stunden angeschlossen werden müssen. Die Behandlung kann in der Klinik, in der Arztpraxis, in eigens dafür eingerichteten Zentren oder zu Hause (Heimdialyse) erfolgen. Etwa 3.000 Patienten lebten Ende 1985 mit der transplantierten Niere eines Verstorbenen, einige auch mit der gespendeten Niere eines lebenden Verwandten. Das Hauptproblem besteht z.Z. darin, daß zu wenig Klinikärzte bereit sind, die Organtransplantation durch Meldung von Verstorbenen an die Transplantationskliniken (25 in der BRD) zu unterstützen.

Aktion »**Spende eine Niere**« e.V., Forstwaldstr. 8, **4150 Krefeld,** ☎ 02151/711195.

Kuratorium für **Heimdialyse** e.V., Emil-von-Behring-Passage, **6078 Neu-Isenburg,** ☎ 06102/3590.

Verein **Urlaubsdialyse** e.V., Wilhelm Führer, Pupinweg 5, **6100 Darmstadt,** ☎ 06151/82500.
Der Verein hat sich zur Aufgabe gemacht, Dialysepatienten und auch anderen Nierenkranken, die sich wegen geringfügiger Einkünfte (Rentner, Sozialhilfeempfänger, Jugendliche, Kinder) keinen Erholungsurlaub in einem Feriengebiet leisten können, durch Zahlung eines Zuschusses einmal im Jahr einen Urlaub für maximal 3 Wochen zu ermöglichen. Voraussetzung ist die Mitgliedschaft in einem Verein, der dem Interessenverband der Dialysepatienten und Nierentransplatierter Deutschlands e.V. angehört. Der Verein wird ehrenamtlich von Dialysepatienten geführt.

Spezialkliniken (Auswahl):

Nephrologisches Zentrum Niedersachsen, Vogelsang 105, 3510 Hann. Münden, ☎ 05541/3011.
Rehabilitationszentrum für chronisch Nierenkranke, Bergheimer Str. 56a, 6900 Heidelberg, ☎ 06221/13041.

TIP:

Der Kneipp-Kurort Scheidegg verfügt über ein ausschließlich für Feriengäste eingerichtetes Dialyse-Institut. Auskünfte erteilt die Kurverwaltung, 8999 Scheidegg, ☎ 08381/1451.

»Erdstrahlen«

(Geobiologie)

Das tatsächliche Vorhandensein von »Erdstrahlen« ist bis zum heutigen Tage nicht bewiesen.

Zwar kommen zweifellos große Schwankungen im Strahlungsumfeld des Menschen vor (sowohl natürlicher wie auch künstlicher Art); jedoch ist es gegenwärtig immer noch reine Spekulation, daraus in direkter Linie schwere krankmachende Effekte (Krebs, Rheuma etc.) abzuleiten.

Beim »Krankheitskonzept« der Radiästhesisten ist zu bedauern, daß hier der Blick auf krankmachende Lebensverhältnisse leicht verdunkelt wird. Ob beispielsweise Krebs entsteht oder nicht, hängt nach Meinung der Rutengänger davon ab, ob das Bett des Betroffenen zufällig falsch steht (z.B. über einer Wasserader). Eine solche Auffassung ist auf jeden Fall irreführend, zumal die Erdstrahlen-Propagandisten weiterhin dogmatisch eine geheimnisvolle Strahlenquelle als Hauptursache für alle chronischen Leiden verantwortlich machen möchten. Dies ist umso bedauerlicher, als die Rutengänger und Geobiologen sich der Tradition der Naturheilkunde verpflichtet fühlen.

Trotz dieser Einschränkungen seien im folgenden Kontaktanschriften für alle Interessierten aufgeführt; denn selbst wenn die einschlägigen Erklärungsversuche für die Rutenphänomene bislang unzureichend sind, so steckt doch in diesem überlieferten Wissen mit ziemlicher Sicherheit auch ein wahrer Kern, der nur von demjenigen aufzuspüren ist, der kritisch und ohne Scheuklappen das Pro und Kontra abwägt.

Geobiologischer Arbeitskreis, Hamelner Str. 34, **3253 Hess. Oldendorf 17**, ☎ 05158/2278.

Forschungskreis für Geobiologie e.V.
Geschäftsstelle, Adlerweg 1, **6935 Waldbrunn-WK.**, ☎ 06274/6868.
Der gemeinnützige Verein besteht seit 1961 und verfolgt vor allem das Ziel der Zusammenfassung von Personen, die sich theoretisch oder praktisch mit der physikalischen und biologischen Klärung bisher beobachteter Zusammenhänge zwischen Untergrund, Klima und Krankheitsgeschehen bei Mensch, Tier und Pflanze befassen oder diesen Zweck unterstützen wollen. Insbesondere soll dadurch zur wissenschaftlichen Klärung des Wünschelrutenphänomens beigetragen werden sowie der Frage »Krankheit als Standortproblem?«.
Etwa 24 praktische Kurse zum Erlernen des Rutengehens werden angeboten.
Bekanntmachungen jeder Art erfolgen über die Vereinszeitschrift »Wetter, Boden, Mensch«. Diese Zeitschrift soll allen an der Sache Interessierten ein Podium bieten, ihre Beiträge zu veröffentlichen.

Institut für **Geobiologie**, Kapellenweg 51, **7000 Stuttgart 50**, ☎ 0711/531629.

Deutsche **Geologische Gesellschaft**, c/o Wilhelm Prenzyna, Sandweg 3, **8411 Eilsbrunn**, ☎ 09404/8240.

Verein zur Förderung **naturheilkundlicher Heilweisen** e.V., Kaiser-Max-Str. 13, **8950 Kaufbeuren,** ☎ 08341/2416.
Der Verein organisierte u.a. einen naturheilkundlichen Kongreß zum Thema »Radiästhesie und Heilen«.

Ernährung

Die Deutschen essen bekanntlich »zu viel, zu fett, zu süß, zu salzig«. Fehl- und Überernährung gehören zu den Hauptfaktoren für das vermehrte Auftreten von chronischen Zivilisationsleiden (u.a. Übergewicht, Verdauungsstörungen, Bluthochdruck, Arteriosklerose, Karies, Diabetes mellitus).

Bundesanstalt für **Milchforschung,** Hermann-Weigmann-Str. 1, **2300 Kiel,** ☎ 0431/609-1.

Vegetarier-Bund Deutschlands, Bund für Lebenserneuerung e.V., Munzeler Str. 18b, **3000 Hannover 91,** ☎ 0511/424647.
Der Bund ist eine Vereinigung von Lebensreformern aller vegetarischen Richtungen. In ihm sammeln sich sowohl Mitglieder, die gerade erst mit der vegetarischen Lebensweise begonnen haben, und Familien, die seit Generationen vegetarisch leben.
Die Vielfalt der vegetarischen Lebensmöglichkeiten findet ihren Ausdruck in der Definition: »Vegetarier ist jeder, der keine Nahrung zu sich nimmt, die von getöteten Tieren stammt«.
Ovo-lacto-Vegetarier essen kein Fleisch, wohl aber Eier und Milchprodukte. *Lacto-Vegetarier* essen kein Fleisch und keine Eier, jedoch Milchprodukte. *Veganer* lehnen Fleisch, Eier und Milchprodukte ab.
Vegetarier streben danach, daß kein Tier für die menschliche Existenz getötet wird oder dafür leiden muß.

Gütegemeinschaft Diätverpflegung e.V., Moorenstr. 80, **4000 Düsseldorf 1,** ☎ 0211/333985.
Die Gütegemeinschaft wurde ins Leben gerufen, um Häuser und Betriebe zu kennzeichnen, die sich durch qualifiziert zubereitete Diät auszeichnen und dies auch kenntlich machen wollen. Aufgrund festgelegter Kriterien wird entsprechenden Hotels, Gaststätten, Sanatorien u.ä. nach Prüfung ein Gütezeichen verliehen. Bei der Gütegemeinschaft hat man eine Broschüre zusammengestellt, die alle Betriebe aufführt, welche mit dem Gütezeichen Diätverpflegung ausgestattet wurden. Dieses Verzeichnis wird auf Anfrage gegen Einsendung von DM 5,-- in Briefmarken zugeschickt.

Bundesforschungsanstalt für **Getreide- und Kartoffelverarbeitung,** Postfach 23, **4930 Detmold,** ☎ 05231/28042.

Auswertungs- und Informationsdienst für Ernährung, Landwirtschaft und Forsten (AID) e.V.
Abteilung Verbraucher und Ernährung, Postfach 200153, **5300 Bonn 2,** ☎ 0228/84990.
Im Vordergrund der Arbeit des Vereins steht die Herausgabe von kurzgefaßten Heften und Faltblättern, die jeweils ein begrenztes Thema (möglichst knapp und verständlich) behandeln, aber auch Diaserien, Foliensätze, Filme und Vidiostreifen werden neben einer Reihe von Presse- und Informationsdiensten sowie zwei Zeitschriften herausgegeben.

Eine besondere Rolle spielen Ernährungs- und Umwelt- und Naturschutz im Agrarbereich. Listen der angebotenen Informationsschriften können unentgeltlich angefordert werden. Ein Film- und Diakatalog dient der Information über die angebotenen audiovisuellen Informationsmitteln. Im übrigen muß der Besteller von Informationsmaterial die Versandkosten übernehmen beziehungsweise bei Videokassetten, Diaserien, Foliensätzen und umfangreichen Veröffentlichungen gegebenenfalls auch eine Schutzgebühr entrichten.

Arbeitskreis **Jodmangel**, c/o Institut für Ernährungswissenschaft der Universität Bonn, Endenicher Allee 11-13, **5300 Bonn**, ☎ 0228/733680.

Gesellschaft für Gesundheitsberatung (GGB) e.V.

Taunusblick 1, **5420 Lahnstein**, ☎ 0261/16578 + 40600.

Der Verein wurde vor 10 Jahren vom bekannten Ernährungsforscher und Arzt Dr. med. Max Otto Bruker (Klinik Lahnhöhe) ins Leben gerufen und hat es sich zur Aufgabe gemacht, »die Allgemeinheit über die Gefahren einer falschen Lebensweise, insbesondere auf den Gebieten von Ernährung, Bekleidung und Wohnen zu informieren.« Gleichzeitig sollen Wege aufgezeigt werden, wie die Gefahren einzudämmen sind und wie zu einer naturgerechten Lebensführung (und damit zur Gesundheit) zurückgefunden werden kann. Die Öffentlichkeitsarbeit erfolgt durch eine eigene Zeitschrift (»Der Gesundheitsberater«; Probehefte auf Anforderung) sowie verschiedene Veranstaltungen, wobei die Ausbildung von Gesundheitsberatern (GGB) mit Schwerpunkt »vitalstoffreiche Vollwertkost« im Mittelpunkt steht.

Jährlich finden in Lahnstein zwei große Tagungen statt, die für jedermann offen sind und bei denen namhafte Referenten zu Wort kommen.

Deutsche Gesellschaft für Ernährung e.V. (DGE)

Feldbergstr. 28, **6000 Frankfurt/Main 1**, ☎ 069/720146.

Die DGE besteht seit 1953 und versteht sich als unabhängige wissenschaftliche Verbraucherorganisation. Hauptarbeitsfelder sind Veranstaltungen (regelmäßige Kongresse, Symposien, Arbeitstagungen, Journalisten-Seminare), Fortbildungsveranstaltungen (z.B. für Diätassistentinnen, Köche, Lehrer), Beratung (Verbrauchergruppen, Kindertagestätten, Heime, Großküchen u.ä.) sowie Veröffentlichungen (Zeitschrift »Ernährungs-Umschau«, Info-Dienst für Beratungskräfte, Pressedienst). Alle 4 Jahre wird ein umfassender Ernährungsbericht herausgegeben (1988 erscheint die 6. Ausgabe); ausserdem ist der Titel »Empfehlungen für die Nährstoffzufuhr« im Buchhandel erhältlich.

Eine Liste mit ca. 30 Broschüren (jeweils gegen Schutzgebühr erhältlich) zu verschiedensten Ernährungsfragen kann angefordert werden.

Arbeitskreis **Ernährungs- und Vitamin-Information** e.V., Freiherr-vom-Stein-Str. 31, **6000 Frankfurt/Main 1**, ☎ 069/721727.

Der Arbeitskreis gibt eine Reihe von gut gestalteten und informativen Broschüren (z.B. »Was Sie schon immer über Vitamine wissen wollten«, kostenlos), Poster u.ä. heraus; er wird von Pharmaunternehmen gefördert.

Naturkost e.V., Klaus Wagener, Pfortenstr. 13, **6056 Heusenstamm,** ☎ 06104/65202.
Die Handelsorganisation der Naturkostläden in Deutschland befindet sich in einem organisatorischen Umbruch. Alle näheren Informationen müssen deshalb vorläufig unter der o.a. Anschrift erfragt werden.

EUKOS e.V., Arbeits- und Forschungsgemeinschaft Ökotrophologie, Postfach 110111, **6300 Gießen,** ☎ 0641/23492.
Ökotrophologie = Ernährungswissenschaft.

Verband unabhängiger Gesundheitsberater Deutschland (UGB) e.V.

Keplerstr. 1, **6300 Gießen,** ☎ 0641/77785.
Der UGB versteht sich als Förderer einer aktiven, eigenverantwortlichen Gesundheitsfürsorge. Hierbei erweist sich die Ernährung als bester Ansatzpunkt, da man auf diesem Sektor schnell die positiven Auswirkungen vernünftigen Verhaltens spürt.
Der UGB hat sich die Aufgabe gestellt, auf der Basis einer wissenschaftlich fundierten Vollwert-Ernährung (angelehnt an Prof. Kollath, und von Dr. Bruker und Prof. Leitzmann u.a. weiterentwickelt) für eine unabhängige Gesundheitsberatung einzutreten — unabhängig von wirtschaftlichen Interessen und ideologisch ungebunden. Man bietet seit 1983 u.a. eine Ausbildung zum UGB-Gesundheitstrainer (Bereich Ernährung) an sowie Fortbildungen wie beispielsweise zum »Koch für Vollwert-Ernährung« (seit Herbst 1987 in der eigens hierfür gegründeten **UGB-Akademie**; Anschrift wie oben). Ein weiterer Schwerpunkt sind Veröffentlichungen, darunter das »UGB-Forum«, eine Fachzeitschrift für Gesundheitstraining (6 Hefte pro Jahr, nur im Abo zu DM 54,--).

Reformhaus-Fach-Akademie, Postfach 20, **6370 Oberursel 4,** ☎ 06172/35075-77.

Bundesverband der **diätetischen Lebensmittelindustrie** e.V., Postfach 1255, **6380 Bad Homburg,** ☎ 06172/32296.

Waerland-Bund e.V., Postfach 2530, **6800 Mannheim 1,** ☎ 0621/25756.
Der Verein geht zurück auf das Wirken des schwedischen Philosophen und Arztes Are Waerland (1876-1955). Bekannt ist heute vor allem die »Waerland-Kost«, eine rein laktovegetabilische Ernährung unter Ablehnung auch von Salz, Zucker sowie weitgehend auch von Gewürzen. Als eine Art »Grundgesetz« seiner Weltanschauung formulierte Waerland: »Wir haben es nicht mit Krankheiten zu tun, sondern mit einer fehlerhaften Lebensweise. Beseitigt sie, und die Krankheiten werden verschwinden«.
Eine kurzgefaßte Anleitung mit dem Titel »Die 7 Pfeiler der Gesundheit«, ist kostenlos beim Waerland-Bund erhältlich.

Gesellschaft für **Mineralstoffe und Spurenelemente** e.V., Fruwirthstr. 31, **7000 Stuttgart 70,** ☎ 0711/454782.

Arbeitskreis für Ernährungsforschung e.V., Zwerweg 19, **7263 Bad Liebenzell-Unterlengenhardt,** ☎ 07052/3061.
Anthroposophisch orientierte Ernährungskunde und -Praxis.

D-A-CH — **Vegan-Bewegung**, c/o Hans

H. H. Peters, Postfach 1163, **7293 Pfalzgrafenweiler,** ☎ 07445/1589.
Die »Veganer« sehen in der Viehzucht (-industrie) das Grundübel allen Weltleidens. Es handelt sich bei ihnen um Menschen-, Tier- und Naturschützer, Ethiker, Ökologen, Freunde des guten, natürlichen Lebens. Sie essen lebendige, abwechslungsreiche Pflanzenkost: Früchte, Samen, Keimlinge, Nüsse und verzichten auf **alle** Kost vom Tier (auch Butter, Sahne usw.). Bewußt gemieden werden außerdem Tierprodukte wie Leder, Wolle, Düngemittel, Kosmetik, Medikamente, Organpräparate, weil diese nur durch Tierausbeutung hergestellt werden.
Infos/Bücherliste werden gegen DM 2,40 in Briefmarken verschickt.

Bundesforschungsanstalt für Ernährung (BFE), Engesserstr. 20, **7500 Karlsruhe 1,** ☎ 0721/60114.
Die BFE setzt sich das Ziel, einerseits Entscheidungshilfen für Maßnahmen der Bundesregierung im Bereich der Ernährungs- und Verbraucherpolitik zu liefern, andererseits den wissenschaftlichen Fortschritt im Interesse des Gemeinwohls zu fördern. Dies soll vornehmlich durch Forschungen auf dem Gebiet der Ernährungs-, Lebensmittel- und Haushaltswissenschaften erfolgen (u.a. Untersuchungen zu den Inhaltsstoffen von Lebensmitteln, den Einflüssen von Lagerung, Transport, Verarbeitung und Zubereitung; Fremdstoffe und Radionukleide in Lebensmitteln u.ä.).

Akademie für Ernährungsmedizin, Reichsgrafenstr. 11, **7800 Freiburg,** ☎ 0761/78980.
Fortbildungsstätte für niedergelassene Ärzte, Klinikärzte und Medizinstudenten (in Vorbereitung).

Bundesanstalt für **Fleischforschung,** E.-C.-Baumann-Str. 20, **8650 Kulmbach,** ☎ 09221/8031.

Eßstörungen

Dick & Dünn, Selbsthilfe, Albrecht-Achilles-Str. 65, **1000 Berlin 31,** ☎ 030/7822577.

EASY WEIGHT, c/o Cora Besser-Sigmund, Jakobikirchhof 9, **2000 Hamburg 1.** EASY WEIGHT ist eine vor allem in Gruppen (zuerst therapeutisch angeleitet, später ins Selbsthilfe) praktizierte neue Methode zur Gewichtsreduktion und zum Abbau von falschen Eßgewohnheiten.

Deutsche Intergruppe der Anonymen Eßsüchtigen (OA, Overeaters Anonymous)
Postfach 106206, **2800 Bremen 1,** ☎ 0421/327224.
OA ist eine Gemeinschaft von Menschen aus allen Lebensbereichen, die sich treffen, um ihr gemeinsames Problem, das zwanghafte Überessen, zu lösen. Einzige Voraussetzung für die Zugehörigkeit ist der Wunsch, mit dem zwanghaften Essen aufzuhören.
OA-Selbsthilfegruppen gibt es seit etwa 1960, als sich in Los Angeles erstmals Frauen regelmäßig trafen, um sich gegenseitig bei Eßproblemen zu helfen. Das Programm für diese Meetings ist seither jenes der »Anonymen Alkoholiker« (siehe auch unter »Suchtkrankheiten«). Inzwischen gibt es tausende solcher Gruppen überall auf der Welt.

Grundlage des OA-Genesungsprogramms ist der Begriff der Abstinenz. Die Unfähigkeit, das zwanghafte Überessen kontrollieren zu können wird eingestanden. Gleichzeitig wird die Vorstellung aufgegeben, daß nur »ein bißchen Willenskraft« erforderlich sei, um normal essen zu können. Dadurch wird es möglich, mit dem Überessen aufzuhören — immer nur für einen Tag.

OA-Gruppen gibt es in vielen größeren Städten. Die Anschriften sind z.B. dem Veranstaltungskalender der Lokalpresse zu entnehmen oder unter der oben aufgeführten Adresse erhältlich.

Weitere Anlaufstellen der OA:

Kontaktstelle Nord: OA Hauptpostlagernd, Karten-Nr. 081870 A, **5000 Köln 1**.

Deutsche Intergruppe der OA, Im Wineklrain 22, **7400 Tübingen 1**, ☎ 07071/294382.

Kontaktstelle Süd: OA Evangel. Thomas-Pfarrei, Thullastr. 15, **7800 Freiburg**.

Weight Watchers Deutschland GmbH, Hauptverwaltung, Uhlandstr. 9, **4000 Düsseldorf**, ☎ 0211/678041.

Frankfurter Zentrum für Eßstörungen e.V.

Hansaallee 18, **6000 Frankfurt/Main 1**, ☎ 069/550176.

Das Zentrum wurde im Frühjahr 1986 von Beratern, Therapeuten und Interessierten gegründet. Man beschäftigt sich mit der Behandlung von Eßstörungen wie Magersucht (Anorexia Nervosa), Eß-Brechsucht (Bulimarexie) oder Fettsucht (Adipositas).

Die Arbeit besteht aus zwei Schwerpunkten:

1. Man stellt Beratung und Therapie in Einzel- und Gruppenarbeit für den Raum Frankfurt/Main und Umgebung zur Verfügung, dazu gehören Aufbau und Durchführung von wöchentlich stattfindenden *Selbsterfahrungsgruppen* über den Zeitraum von 1 Jahr, *Einzel-, Paar- und Familienberatung* (bzw. Therapie), Wochenendseminare für Betroffene, Tagesseminare für Angehörige, Jugendgruppe, Koordination von Selbsthilfegruppen für Betroffene und Angehörige sowie Informationsabende.

2. Das Zentrum organisiert überregionale Fortbildungsveranstaltungen für Fachkräfte und Interessierte in Form von Wochenendseminaren und einer Fortbildungsreihe (ein Programm wird auf Anforderung zugeschickt).

Therapiezentrum für **Eßstörungen** e.V., Marktstr. 15, **7000 Stuttgart 50**, ☎ 0711/569856.

Das Angebot reicht von Einzel- und Gruppentherapien z.B. vor stationären Aufenthalten über Wochenendseminare bis zur Kontaktpflege zu Selbsthilfegruppen und Adressenvermittlung.

Deutsche Gesellschaft für **Adipositasforschung**, Steinhövelstr. 9, **7900 Ulm**, ☎ 0731/1972310.

Die noch junge Gesellschaft hat sich zum Ziel gesetzt, ein Sammelbecken zu sein für die vielfältigen Bemühungen um das Gesundheitsproblem »krankhaftes Übergewicht« (Adipositas = Übergewicht), wobei den Fragen des Eßverhaltens und einer gesunden Ernährung besondere Bedeutung zukommt. Regelmäßig werden wissenschaftliche Jahrestagungen durchgeführt, die einen umfassenden Überblick über den gegenwärtigen Wissensstand vermitteln.

Aktionskreis Eß- und Magersucht «Cinderella« e.V., Westendstr. 35, **8000 München 2,** ☎ 089/5021212.

ANAD Selbsthilfe, Anorexia/Bulima Nervosa e.V.

Ungererstr. 32, **8000 München 40,** ☎ 089/333877.

Diese Initiative hat die amerikanische ANAD-Organisation zum Vorbild (ANAD = Anorexia Nervosa and Associated Disorders = Magersucht und ähnliche Eßstörungen). Dort arbeitet man bereits seit einem Jahrzehnt durch die Einrichtung von Selbsthilfegruppen und intensive Aufklärungsarbeit sehr erfolgreich in den Bereichen der Magersucht und Bulimia Nervosa (Eß-Brechsucht).

Die deutsche ANAD Selbsthilfe wurde 1984 gegründet. 1985 konnte in München-Schwabing ein Beratungsladen eröffnet werden. Er ist täglich besetzt und dient als Anlaufstelle für hilfesuchende Betroffene und ratlose Eltern. Außerdem finden dort abends Selbsthilfegruppen-Treffen statt.

In der Selbsthilfe werden ständig Informationen über Anorexia/Bulima Nervosa gesammelt. Auch wurde eine umfangreiche Liste mit Therapeuten und Fachkliniken zusammengestellt.

Alle zwei Monate erscheint ein Newsletter, der Erfahrungen von Selbsthilfegruppen, Anregungen von und für Gruppen und aktuelle Informationen beinhaltet.

Zahlreiche neue Gruppen in der ganzen BRD wurden inzwischen gegründet (Anschriften auf Anfrage).

Spezialkliniken:

(siehe unter »Seelische Gesundheit«).

TIP:

In München gibt es neuerdings die Möglichkeit einer *ambulanten Behandlung* der Bulimie (Eß-Brechsucht). Informationen sind erhältlich beim Max-Plank-Institut für Psychiatrie, ☎ 089/306221.

Fasten

Seit vielen Jahrzehnten gilt das Fasten als eine der wirkungsvollsten naturgemäßen Therapieformen (»Heilfasten«), als eine Art »Operation ohne Skalpell, feinste, gezielte Mikrochirurgie, die nirgendwo verletzt, kein Blut zum Fließen bringt« (Dr. Geesing).

Unbestritten ist der Wert des kontollierten Fastens bei schwereren Formen des Übergewichts. Verschwiegen sei jedoch auch nicht, daß besonders in jüngerer Zeit immer wieder Bedenken gegen solche »Radikalkuren« angemeldet wurden (DER SPIEGEL 11/1988), u.a. deshalb, weil dadurch nachhaltige und bedrohliche Eßstörungen initiiert werden könnten (Magersucht, Eß-Brechsucht).

Fasten-Wander-Verein e.V., Pratjeweg 1, **2152 Horneburg,** ☎ 04163/2539.

Nichtkommerzieller Zusammenschluß zur Popularisierung natürlicher Lebensweisen (genauere Beschreibung siehe unter »Naturheilkunde«).

Spezialkliniken:

Klinik Dr. Otto Buchinger, Forstweg 39, 3280 Bad Pyrmont, ☎ 05281/1660.

Sanatorium Schloß Lindach, 7070 Schwäbisch Gmünd 10, ☎ 07171/71971.

Schwarzwald-Sanatorium Obertal, Rechtmurgstr. 27, 7292 Baiersbronn-

Obertal, ☎ 07449/840.
Klinik Buchinger am Bodensee, Wilhelm-Beck-Str. 27, 7770 Überlingen, ☎ 07551/891.
Kurpark Klinik, Fachklinik für ernährungsabhängige Krankheiten, Postfach 1660, 7770 Überlingen, ☎ 07551/5068. (Fastenkuren nach dem bekannten Fastenarzt Dr. Lützner).
Klinik von Weckbecker, Rupprechtstr. 20, 8788 Bad Brückenau, ☎ 09741/830.
Heilfastenklinik Bad Wörishofen, Zweigstr. 7, 8939 Bad Wörishofen, ☎ 08247/4036/37/38.

TIP:

Eine Liste von Fastenhäusern kann gegen DM 3,- in Briefmarken beim Verlag angefordert werden (VGG, Postfach 1116, 7254 Hemmingen/Württ.).

Freikörperkultur

Deutscher Verband für Freikörperkultur e.V. (DFK), Geschäftsstelle, Königstr. 22, **3000 Hannover 1**, ☎ 0511/342233.
Der Verband unterhält viele örtliche FKK-Vereine und veröffentlicht die Verbandszeitschrift »Freikörperkultur« mit Informationen über FKK, Camping, Freizeit, Spiel, Sport, gesundes Leben und Erholung.

Gehirnsschädigungen und Hirnleistungsstörungen

Block Deutscher **Hirnbeschädigter** e.V., Stubenrauchstr. 60, **1000 Berlin 41**, ☎ 030/8217462.

Deutsche **Narkolepsie-Gesellschaft** e.V. (DNG), Tannenkuppenstr. 19, **3500 Kassel**, ☎ 0561/33574.
Narkolepsie ist eine Störung der Schlaf/Wachregulation, die sich primär in excessiver Tagesschläfrigkeit, plötzlichen Schlafanfällen, affektiven Tonusverlustanfällen und Störungen des Nachtschlafes äußert. Narkolepsie ist nicht heilbar, aber auf dem Behandlungsweg meist sehr wohl erträglicher zu machen. Es wird geschätzt, daß etwa 20-30.000 Kranke in der Bundesrepublik an dieser Krankheit leiden, wobei die Symptome oft fehldiagnostiziert werden. Der Betroffene wird dabei oft fälschlich als Faulpelz, Hysteriker, Schlafmütze, Simulant o.ä. tituliert. So ist es ein Hauptanliegen der DNG, das Krankheitsbild in der Öffentlichkeit bekannter zu machen und der Ärzteschaft (und hier besonders den Neurologen) die Diagnose zu erleichtern.
Die DNG ist ein Zusammenschluß von Narkolepsiekranken und anderen an der Krankheit interessierten Personen; örtliche Selbsthilfegruppen sind an vielen Plätzen im Entstehen.

Huntigton-Gruppen in der Familienhilfe e.V., Bahnhofstr. 7a, **3550 Marburg**, ☎ 06421/282213.
Die Huntington-Krankheit (HK) ist ein Erbleiden. Es tritt meist erst in der Lebensmitte in Erscheinung und ist bis heute unheilbar. Nachkommen eines Kranken sehen sich mit einem 50%-igen Risiko konfrontiert, selbst eines Tages Huntington-krank zu werden. Das typische Bild der HK ist eine Kombination körperlicher, geistiger und seelischer Veränderungen. Dabei stehen mal die Bewegungsstörungen, mal die Persönlichkeitsveränderungen im Vordergrund. Die wesentlichen

Aufgaben der Huntingtongruppen sind: Information über psychische Prozesse der Krankheitsbewältigung für alle, die mit Huntigtonpatienten zu tun haben; Stärkung der vorhandenen sozialen Stützsysteme für Erkrankte, die ohne Familien leben; Förderung und Ausbau weiterer Selbsthilfegruppen.

Deutsche Parkinson Vereinigung, Bundesverband e.V.

Hüttenstr. 7, **4040 Neuss**, ☎ 02101/470441.

Das Parkinson-Leiden (»Schüttellähmung«) befällt vorwiegend Menschen nach dem 45. Lebensjahr und zeichnet sich durch folgende Symptome aus: Bewegungs- und Antriebsarmut; im fortgeschrittenen Stadium durch: Verminderung der Gesichtsmimik, Muskelsteifheit in Armen, Beinen und Nacken. Diese Krankheitserscheinungen können medikamentös und operativ bekämpft werden. Die Deutsche Parkinson-Vereinigung e.V. ist eine Selbsthilfeorganisation von Parkinson-Patienten und ihren Angehörigen. Sie will Personen, die an der Parkinsonschen Krankheit leiden (insgesamt sollen es bei uns etwa 200.000 Menschen sein), beraten, um deren Eingliederung in Familie, Beruf und Gesellschaft zu unterstützen. Im gesamten Bundesgebiet sind zu diesem Zweck inzwischen über 100 Regionalgruppen und Kontaktstellen gegründet worden.

Spezialkliniken für Parkinson-Kranke:

Paracelsus-Nordsseeklinik, Invasorenpfad, 2192 Helgoland, ☎ 04725/572/73.

Paracelsus-Elena-Klinik, Klinikstr. 16, 3500 Kassel-Harleshausen, ☎ 0561/60090.

Schloßberg-Klinik, Schloßstr. 40, 5928 Bad Laasphe, ☎ 02752/1011.

Klinik Dr. med. Wohlauf, Kreuzbergstr. 12-16, 7620 Wolfach, ☎ 07834/9710.

Gesellschaft für **Epilepsieforschung**, v. Bodelschwinghsche Anstalten, **4800 Bielefeld 13-Bethel**, ☎ 0521/1443514.

Stiftung Michael, Karthäuserstr. 10, **5300 Bonn 1**.

Die Stiftung fördert z.B. die apparative Ausstattung von Epilepsie-Ambulanzen (auf Antrag) und vergibt Preise für herausragende Forschungsarbeiten junger Wissenschaftler auf dem Gebiet der Anfallsleiden.

Deutsche **Heredo-Ataxie Gesellschaft** e.V. (DHAG), Bundesverband, Möhringer Landstr. 103a, **7000 Stuttgart 80**, ☎ 0711/7802376.

In dieser Gesellschaft haben sich Personen zusammengeschlossen, die in irgendeiner Form mit Heredo-Ataxien (= vererbte ataktische Erkrankungen des Zentralnervensystems) in Verbindung stehen. Es handelt sich dabei um verschiedene, seltene Stoffwechselerkrankungen, deren Ursache bis heute unbekannt ist und die einen fortschreitenden Verlauf haben. Die wichtigsten Einzelerkrankungen sind die Friedreichsche Ataxie (FA) und die cerebelläre Heredoataxie.

Die DHAG ist ein Bundesverband, der seine Mitglieder vorwiegend in bereits bestehenden oder noch aufzubauenden Regionalgruppen betreut. Der Verband informiert alle Mitglieder und Interessierte durch die regelmäßige Herausgabe der Vereinszeitung »Herax-Fundus«.

Deutsche Sektion der Internationalen Liga gegen Epilepsie e.V.
Postfach 6, **7640 Kehl-Kork**, ☎ 07851/3144 (vormittags).
Die Liga besteht in ihrer heutigen Form seit 1957 und hat in der BRD ca. 1.300 Mitglieder. Anders als in vielen anderen Ländern ist die Deutsche Sektion keine reine Ärztegesellschaft, sondern steht auch Angehörigen anderer Berufe offen (z.B. Pädagogen, Psychologen oder Sozialarbeitern), die sich beruflich um Anfallskranke kümmern. Die Liga betrachtet es als ihre Aufgabe, die Erforschung der Epilepsie in allen ihren Auswirkungen zu fördern, um die Voraussetzungen für eine weitere Verbesserung der Behandlung und sozialen Betreuung von Epilepsie-Patienten zu schaffen.
In der Geschäftsstelle hält man eine Reihe von Informationsschriften bereit und verleiht Film- und Videomaterial. Dreimal jährlich erscheint ein Rundbrief.

Alzheimer-Gesellschaft München e.V., c/o Psychiatrische Klinik Rechts der Isar, Zimmer 206, Ismaninger Str. 22, **8000 München 80**, ☎ 089/41404276.
Die Erinnerung ist nach einem Wort von Jean Paul das einzige Paradies, woraus wir nicht vertrieben werden können. Es gibt jedoch Krankheiten, die den Menschen seiner eigenen Vergangenheit berauben. Die davon Befallenen wissen nicht mehr, welchen Beruf sie ausgeübt und wen sie geheiratet haben; sie erkennen weder ihre Kinder noch ihre Wohnung. Der Verlust des Gedächtnisses ist der auffälligste, aber nicht der einzige Ausdruck einer schweren Hirnleistungsschwäche, die bevorzugt in der zweiten Lebenshälfte auftritt. Ärzte bezeichnen sie als Demenz. In der BRD leiden rund eine halbe Million Menschen daran (allein in München z.B. etwa 10.000).
Als weitaus häufigste Form der Demenz hat sich die »Alzheimersche Krankheit« herausgestellt.
Die hier porträtierte Gesellschaft ist aus Teilnehmern von Angehörigengruppen hervorgegangen und wurde Ende 1986 gegründet. Ihre Arbeit gilt dem Wohlergehen derjenigen, die von der Alzheimerschen Krankheit oder ähnlichen Hirnleistungsstörungen betroffen sind (u.a. bietet man einen telefonischen Beratungsdienst *von* Angehörigen *für* Angehörige an sowie offene Informationsabende und eine wöchentliche Sprechstunde für Angehörige). Dazu betreibt man Öffentlichkeitsarbeit und stellt Informationsmaterial für Pflegepersonal und Ärzte zusammen. Ziel ist es auch, die wissenschaftliche Forschung zu fördern. Zur praktischen Hilfe vor Ort ist man bemüht, die ambulante häusliche Pflege bzw. Heimpflege zu verbessern und Selbsthilfe-Initiativen von Angehörigen ins Leben zu rufen.

TIP:

Eine Nationale Epilepsievereinigung (Selbsthilfegruppen) ist gegenwärtig in Vorbereitung. Informationen über bereits bestehende Selbsthilfegruppen sowie die Anschrift der neuen zentralen Patientenorganisation werden in der Zeitschrift »einfälle« veröffentlicht (4 Ausgaben im Jahr, DM 3,- pro Heft), dem Organ der Selbsthilfegruppen für und von Anfallkranken. Anschrift: **Redaktion »Einfälle«**, Zillestr. 102, **1000 Berlin 10**, ☎ 030/3414252.

»Geistiges Heilen«

Geistheilung und Geistheiler haben in den vergangenen Jahren großes Medien-Interesse auf sich gezogen (vor allem Boulevardpresse).
Wenn an dieser Stelle Kontaktadressen weitergegeben werden, so wollen wir doch nicht verhehlen, daß wir dieser okkult angehauchten Richtung des Laienheilwesens skeptisch gegenüberstehen. Natürlich ist hier viel Idealismus und ernsthafte Überzeugung am Werk. Unverkennbar jedoch auch nicht selten ein ausgeprägter Geschäftssinn und der Appell an die Glaubensbereitschaft der Klienten.
Eine ganz große Gefahr beim »geistigen Heilen« ist folgender Gesichtspunkt: Die Geistheiler suggerieren uns ursächliche Heilungsmöglichkeiten, ohne daß die Wurzeln der Fehlentwicklungen angetastet werden müßten, welche die Krankheit begünstigten oder herbeiführten. Dabei wissen wir heute sehr gut, daß im wesentlichen unsere eigenen Handlungen und Gewohnheiten für die auftretenden gesundheitlichen Störungen verantwortlich sind (Fehlernährung, Genußmittel, Bewegungsarmut).
So steht denn die medienwirksame Geistheilung quasi im Widerspruch zum »Geist« dieses Adreßbuches (wenn wir sie aufgrund des verbreiteten Informationsbedürfnisses und -anspruchs auch nicht übergehen wollen): denn unser Nachschlagwerk will gerade das eigenverantwortliche, selbständige Handeln befördern und die Erkenntnis wachsen lassen, daß nicht Spezialisten mit ihrem (magischen oder schulmedizinischen) Elite-Wissen, sondern zu großen Teilen wir selbst unseres Glückes Schmied sind.

Deutsche Vereinigung für **Geistheilung** e.V., Sekretariat, Frau Anni Ziemer, Postlagernd, **5300 Bonn 2**.
(Geistheilung nach Harry Edwards).

Deutsche Vereinigung für **Geistheilung** e.V., c/o Eberhard Ruess, Im Asemwald 60/16, **7000 Stuttgart 70**, ☎ 0711/721629.

Gemeinschaft für **Geistige Entfaltung** e.V., Hammstr. 22, **8000 München 45**.
Beim Verein sind gegen Einsendung eines frankierten und adressierten Rückumschlages Namen und Anschriften von Geistheilern erhältlich.

Schweizer Verband zur Förderung **natürlicher Heilverfahren**, Postfach, **CH-3004 Bern**, ☎ 0041/31/244440.

Gen-Technologie

Gen-ethisches Netzwerk (GeN) e.V.
Potsdamer Str. 96, **1000 Berlin 30**, ☎ 030/2618500.
1986 gegründet, versteht sich das Gen-ethische Netzwerk als internationale Informations- und Kontaktvermittlungsstelle, die auf breiter Ebene eine Diskussion über Ziele, Anwendungsmöglichkeiten, Konsequenzen und Gefahren der Gentechnologie in Gang bringen möchte. Denn es steht zu befürchten, daß die Gentechnik in den kommenden Jahren alle Bereiche unseres Lebens und unsere natürliche Umwelt tiefgreifend verändern könnte.
Heute erfolgen die Weichenstellung für die Zukunft. Dabei wird von den verantwortlichen Stellen nur allzugern in den Erbgutmanipulationen ein erfolgverspre-

chender künftiger »Wachstumsmarkt« gesehen und wirtschaftliches Denken geht vor Verantwortlichkeit gegenüber der anvertrauten Schöpfung.

Das Gen-ethische Netzwerk will durch seine Informationstätigkeit alle interessierten Bürgerinnen und Bürger befähigen, am Prozeß öffentlicher Meinungsbildung zu diesen zukunftsentscheidenden Themen teilzunehmen.

So hat man u.a. im Berliner Büro eine Kartei von Referenten, Sachverständigen, Initiativen und Institutionen eingerichtet, die sich am Netzwerk beteiligen und an Interessenten weitervermittelt werden können.

Weiterhin erscheint monatlich der »Genethische Informationsdienst« (G.ID), der nach dem Prinzip einer Presseagentur aktuelle Meldungen, Berichte, Dokumentationen und Kommentare über Entwicklungen anbietet, die auf dem Gebiet der Molekularbiologie von Bedeutung sind (Jahresabo DM 60,-; Bestellungen und Probeexemplare unter o.a. Anschrift).

Anti-Gen, Aktionsgemeinschaft gegen die Nutzung der Gentechnologie, Kontakte unter: BUND, Im Rheingarten 7, 5300 Bonn 3, ☎ 0228/462084; »Hoechster Schnüffler und Maagucker«, Norbert Barth, Wesganstr. 31, 6230 Frankfurt/Main 80, ☎ 069/301328; Bundesverband der Tierversuchsgegner e.V., Farrnbachweg 4, 8500 Nürnberg, ☎ 0911/686677.

»Anti-Gen« fordert ein zunächst auf 5 Jahre befristetes Moratorium für die Erforschung, Entwicklung und Anwendung der Gentechnologie.

Enquete-Kommission Gen-Technologie des Deutschen Bundestages, Winston-Churchill-Str. 9, **5300 Bonn**, ☎ 0228/165262.

Frankfurter Forum zum **Schutz des genetischen Selbstbestimmungsrechts**, Neuhaußstr. 6, **6000 Frankfurt/Main 1**, ☎ 069/595758.

Gesundheitsbildung

Deutsches Grünes Kreuz

Gemeinnützige Vereinigung für Gesundheitsprophylaxe und Gesundheitsaufklärung, Schuhmarkt 4, **3550 Marburg 1**, ☎ 06421/24044.

Akademie für **Öffentliches Gesundheitswesen**, Aufm Hennekamp 70, **4000 Düsseldorf 1**, ☎ 0211/341970/71.
(Fortbildung für Beschäftigte in Gesundheitsberufen).

Bundeszentrale für gesundheitliche Aufklärung (BZgA)

Ostmerheimer Str. 200, **5000 Köln 91 (Merheim)**, ☎ 0221/89921.

Bei der Bundeszentrale sind eine Vielzahl informativer Schriften zu allen Gesundheitsthemen erhältlich. Eine Liste erhalten Sie auf Anfrage.

Deutsche Gesellschaft für **Gesundheitsvorsorge** e.V., Driescher Hecke 19, **5090 Leverkusen 1**, ☎ 0214/56744 + 55034.

Bundesvereinigung dür Gesundheitserziehung e.V.

Viktoriastr. 28, **5300 Bonn 2 (Bad Godesberg)**, ☎ 0228/361548.

Die Bundesvereinigung ist ein Zusammenschluß gesundheitserzieherisch tätiger Organisationen, vorwiegend aus dem Gesundheits-, Sozial- und Erziehungsbereich, und hat die Rechtsform eines eingetragenen Vereins. Sie besteht seit 1954 mit Sitz in Bonn. Ihr gehören zur Zeit 160 Mitgliedsorganisationen und 149 Einzelmitglieder an. Die Bundesvereinigung möchte dazu beitragen, daß Gesundheit zu einem erreichbaren Ziel wird. Dabei setzt sie auf die Zusammenarbeit mit anderen Organisationen, Vereinen und Institutionen. Jeder an gesundheitlichen Themen Interessierte kann sich direkt an die Bundesvereinigung wenden — er erhält auf Anfrage Informationsmaterial.

In den Bundesländern gibt es folgende Einrichtungen für Gesundheitserziehung:

Landesvereinigung Gesundheit e.V., Klaus-Groth-Str. 3, **1000 Berlin 19**, ☎ 030/30301-0.

Landesvereinigung für Gesundheitserziehung e.V., Fulsbütteler Str. 401, **2000 Hamburg 60**, ☎ 040/6322220.

Landesvereinigung für Gesundheitsförderung Schleswig-Holstein e.V., Flämische Str. 6-10, **2300 Kiel 1**, ☎ 0431/94294.

Landesverein für Gesundheitspflege Niedersachsen e.V., Goebenstr. 3a, **3000 Hannover**, ☎ 0511/628700.

Hessische Arbeitsgemeinschaft für Gesundheitserziehung, Nikolaistraße, **3550 Marburg/Lahn**, ☎ 06421/24035/36.

idis — Institut (Nordrhein-Westfalen), Westerfeldstr. 35-37, **4800 Bielefeld**, ☎ 0521/86033.

Landeszentrale für Gesundheitserziehung in Rheinland-Pfalz e.V., Karmeliterplatz 3, **6500 Mainz**, ☎ 06131/233711/2.

Minister für Arbeit, Gesundheit und Sozialordnung des Saarlandes, Franz-Röder-Str. 21, **6600 Saarbrücken**, ☎ 0681/5011.

Landesarbeitsgemeinschaft für Gesundheitserziehung Baden-Württemberg e.V., Johannesstr. 75, **7000 Stuttgart 1**, ☎ 0711/627025.

Die Landesarbeitsgemeinschaft besteht seit Sommer 1986 und will durch Aufklärung, Fortbildung und Aktionen zu einer gesunden Lebensweise motivieren. Zu diesem Zweck vereinigt sie als Dachorganisation alle Einrichtungen und Verbände auf Landesebene, die für mehr Gesundheit eintreten — von der Landesärztekammer über die Krankenkassen, Landesversicherungsanstalten, die Verbände der kirchlichen und sonstigen Träger der freien Wohlfahrtspflege bis hin zum Landeselternbeirat, zum Landessportverband und den Landfrauenverbänden. Bei der Arbeit kann man sich auf die Mitwirkung von regionalen Arbeitsgemeinschaften stützen, die im Bereich der 37 Gesundheitsämter im Lande bestehen.

Landeszentrale für Gesundheitspflege in Bayern e.V., Rotkreuzplatz 2a, **8000 München 19**, ☎ 089/163303.

Deutsche Zentrale für **Volksgesundheitspflege** e.V., Münchner Str. 48, **6000 Frankfurt/Main**, ☎ 069/235761.

Gesellschaft für **Gesundheitsbildung** e.V., Jahnstr. 32, **7000 Stuttgart 70**, ☎ 0711/769810.

(Ärztliche Weiterbildung auf dem Gebiet der Präventivmedizin).

Hautleiden

(siehe auch unter »Allergien«)

Deutscher Psoriasisbund e.V., Fischertwiete 2 (Chilehaus A), **2000 Hamburg 1**, ☎ 040/330885.

Die Psoriasis ist eine erbmäßig weitergegebene Veranlagung der Haut und des Bindegewebes, bestimmte Veränderungen zu zeigen. Diese können sein: Gefäßerweiterungen der Lederhaut sowie eine Schuppenbildung der Oberhaut (= Schuppenflechte, Psoriasis vulgaris). Zu den Bindegewebsreaktionen gehören Miterkrankungen an Knochen- und Gefäßkapseln, vor allem der kleinen Gelenke, z.B. Hände und Füße. Etwa 2% der Gesamtbevölkerung leidet unter Psoriasis, also bei uns etwa 1,2 Millionen Menschen. Obgleich die Krankheit nicht übertragbar oder ansteckend ist, werden die davon Befallenen meist gesellschaftlich isoliert.
Aufgaben und Ziele des Psoriasis Bundes lauten: Förderung der Früherkennung, Klärung der Ursachen der Psoriasis, Intensivierung von Rehabilitationsmaßnahmen, Information der Öffentlichkeit und Verbesserung der von den Krankenkassen getragenen Versorgung.

Deutsche Stiftung für die **Psoriasis- und Neurodermitis-Forschung** e.V., Fontanestr. 14, **5300 Bonn-Bad Godesberg,** ☎ 0228/362894.
Ziel der Stiftung ist es, an der Erschließung eines Weges der langfristigen, aber wirkungsvollen Heilung der Psoriasis und Neurodermitis zu arbeiten. Cortison darf nicht der Schlüssel zu dieser Problemlösung sein!
Erreichen will man dies einmal durch die Unterstützung fachbezogener Forschungsprojekte sowie durch die Information von betroffenen Patienten und Ärzten, wobei man sich die Förderung naturheilkundlicher Heilweisen besonders zueigen gemacht hat.
In der Zeitschrift »Stiftungsforum« wird alle zwei Monate über die neuesten Erkenntnisse der Forschung und Möglichkeiten der Behandlung berichtet.

Spezialkliniken (Auswahl):
(siehe auch unter »Allergien«)

Vital-Klinik, Streuweg 100, 8755 Alzenau-Michelbach, ☎ 06023/10014.

TIP:

Wertvolle Hinweise besonders im Hinblick auf die Ernährung des Hautleidenden sammelt und gibt weiter: Roswitha Röth, Frühlingstr. 12, **7328 Wäschenbeuren,** ☎ 07172/4126.

Heilpraktiker

Verband Deutscher Heilpraktiker, Bundesverband, Celler Str. 84, **3000 Hannover 1,** ☎ 0511/318986.

Berufs- und Fachverband, **Freie Heilpraktiker** e.V., Kölner Str. 369, **4000 Düsseldorf,** ☎ 0211/725777.

Fachverband Deutscher Heilpraktiker e.V.
Bundesverband, Heilsbachstr. 30, **5300 Bonn 1,** ☎ 0228/641083.
Der Fachverband unterhält Landesverbände in:
Berlin 12 (Mommsenstr. 45, ☎ 030/3233050), **Hamburg 60** (Zesenstr. 2, ☎ 040/2700743), **Schleswig-Holstein** (Beseler Allee 15, 2300 Kiel, ☎ 0431/564888), **Bremen 1** (Lüneburger Str. 7, ☎ 0421/440116), **Niedersachsen** (Alte Bahnhofstr. 26, 3050 Wunstorf 1, ☎ 05031/2781), **Hessen**, Postfach 1266, 3520 Hofgeismar, ☎ 05671/2503), **Nordrhein-Westfalen** (Dorstener Str. 415, 4630 Bochum, ☎

0234/531685), **Rheinland** (Uferstr. 22, 5000 Köln 50, ☎ 0221/393247), **Rheinland-Pfalz** (Koblenzer Str. 2, 5470 Andernach, ☎ 02632/47898), **Saarland** (Unterer Markt 5, 6680 Neunkirchen, ☎ 06821/12929), **Baden-Württemberg** (Untere Kirchstr. 3, 7460 Balingen 1, ☎ 07433/6718), **Bayern** (Giselastr. 4, 8000 München 40, ☎ 089/333374).

Kooperation Deutscher Heilpraktikerverbände e.V., Heilsbachstr. 30, **5300 Bonn 1**, ☎ 0228/641083.

Bei der »Kooperation« bemüht man sich um die Sicherung einer seriösen und anspruchsvollen berufsständischen Heilpraktikerausbildung, und zwar durch einen fundierten 3-jährigen Ausbildungsgang (3.000 Unterrichtsstunden), wie er von den ältesten Berufsverbänden der Heilpraktikerschaft empfohlen wird. Die Kooperation selbst ist nur beratend und informativ tätig, sie betreibt keine eigenen Ausbildungsstätten.

Berufsverband der Heilpraktiker e.V., Postfach 110170, **5650 Solingen 11**, ☎ 0212/333489.

Union Deutscher Heilpraktiker e.V., Bundesverband, Daimlerstr. 14, **7060 Schorndorf**, ☎ 07181/3332.

Herz und Kreislauf

Wohlstand und Wohlleben schlagen sich besonders nachhaltig aufs Herz, das größte »Sorgenkind« unter allen menschlichen Organen. Jahr für Jahr sterben etwa 360.000 Menschen an Herz— und Kreislaufleiden (zum Vergleich: Krebs fordert jährlich 160.000 Todesopfer). Ursache hierfür ist ein ganzer Komplex von Risikofaktoren, der so unterschiedliche Elemente wie Zigarettenrauchen, erbliche Veranlagung, Übergewicht, Bluthochdruck, Fehlernährung oder Bewegungsarmut beinhaltet. Letzten Endes sind gerade die Herz- und Kreislaufleiden ein immer gegenwärtiges Menetekel dafür, daß nicht anonyme Mächte wie das Schicksal über unser Wohlergehen entscheiden, sondern niemand anderer als wir selbst.

Berliner **Herz-Liga**, Tempelhofer Damm 177, **1000 Berlin 42**, ☎ 030/7520732.

Norddeutscher **Herzhilfeverband** e.V., Kastanienallee 56-57, **2000 Schenefeld (Hamburg)**, ☎ 040/8307479.

Herzkind e.V.

Verein zur Förderung der Betreuung und Beratung herzkranker Kinder und ihrer Familien, Postfach 2724, **3000 Hannover 1**, telefonische Anfragen unter ☎ 05136/7452 (Wolfgang Müller).

Angeborene Herzfehler kommen bei 0,8 Prozent aller lebend geborenen Kinder vor. In der BRD dürfte somit die Zahl bei etwa 5.000 Neuerkrankungen pro Jahr liegen. Bis vor 10 Jahren verstarben von diesen Kindern zwei Drittel innerhalb des ersten Lebensjahres. Vor allem die Fortschritte in der Operationstechnik haben zur Folge, daß immer mehr Patienten mit einem Herzfehler das Jugend- und Erwachsenenalter erreichen. Hieraus ergeben sich viele Probleme für die betroffenen Kinder und deren Familien (so treten bei den Kindern oft Entwicklungsverzögerungen auf, mit Sprach-, Konzentrations- oder Koordinationsstörungen).

Ärztlicherseits werden diese Kinder und Jugendlichen ausreichend und gut versorgt; Eltern und Patienten stehen jedoch

den aus der Situation entstandenen seelischen Problemen immer wieder allein gegenüber. Aus diesem Grunde haben Betroffene Eltern, unterstützt von Kinderkardiologen den »Herzkind e.V.« gegründet, um einem größeren Kreis von Betroffenen Zugang zu fachlicher Information und Erfahrungsaustausch anzubieten.
Hierzu werden u.a. Elterngesprächskreise, Elternseminare und Freizeiten organisiert.
Regelmäßig erscheint eine informative Vereinszeitschrift.

Gesellschaft für **Arterioskleroseforschung**, Domagkstr. 3, **4400 Münster,** 0251/836176.

Deutsche Herzstiftung e.V.
Hans-Thoma-Str. 10, **6000 Frankfurt/ Main,** ☎ 069/610838.
Als bedeutsamer Faktor für ein erfülltes »Leben nach dem Herzinfarkt« haben sich die sog. Herzgruppen erwiesen. Hier bietet sich Kranken und Gefährdeten die Gelegenheit, durch fachlich überwachtes Bewegungstraining wieder weitgehend Anschluß an die Normalität zu gewinnen. Auch der persönliche Austausch mit Schicksalsgenossen kann dabei eine wertvolle Hilfe sein. Kontaktadressen für örtliche Gruppen können bei der »Deutschen Herzstiftung« erfragt werden.
Herzstiftungen gibt es seit vielen Jahren in fast allen Industrieländern. Der entsprechende deutsche »Ausleger« wurde erst 1979 ins Leben gerufen, zu einer Zeit also, da solche Einrichtungen in anderen Ländern wie den Vereinigten Staaten oder England längst zu wichtigen Institutionen geworden waren.
Unser Nachholbedarf in Sachen »Herzschutz« läßt sich auch daran ablesen, daß in den USA im letzten Jahrzehnt ein Rückgang der Herz-Kreislauferkrankungen um 30% erreicht wurde, wohingegen diese Leiden in der BRD unvermindert den Spitzenplatz unter den Todesursachen behaupten.
Die Herzstiftung hat es sich zum Ziel gesetzt, diesen Trend zu brechen: Schwerpunkte der Arbeit sind dabei die Aufklärung über neue Behandlungsmethoden, eine umfassende Information über sinnvolle Möglichkeiten der Vorbeugung sowie die Verbesserung der Versorgung von Herzkranken. Außerdem fördert man die wissenschaftliche Forschung und veranstaltet Patientenseminare, auf denen erfahrene Herzspezialisten persönlich Rede und Antwort stehen.
Vereinsorgan ist die »Zeitschrift der Deutschen Herzstiftung« mit allgemeinverständlichen Beiträgen namhafter Wissenschaftler. Die Stiftung vereinigt rund 1.200 Herzgruppen mit insgesamt 25.000 Menschen.

Deutsche Gesellschaft für **Herz- und Kreislaufforschung**, Benekestr. 2, **6350 Bad Nauheim,** ☎ 06032/345-403.

Deutsche Liga zur Bekämpfung des hohen Blutdrucks e.V.
Postfach 102040, **6900 Heidelberg,** ☎ 06221/563948.
Seit 1975 bemüht man sich bei der Liga, Maßnahmen zur Bekämpfung des hohen Blutdrucks und seiner möglichen Folgekrankheiten (Schlaganfall, Herzinfarkt u.a.) zu entwickeln und zu fördern. Hierzu wurden zahlreiche Merkblätter verfaßt. So hat man gerade eine Broschüre herausgegeben, welche die neue-

sten wissenschaftlichen Erkenntnisse zur Ernährung von Menschen mit hohem Blutdruck zusammenfaßt (gegen DM 0,80 Rückporto unter der o.a. Anschrift erhältlich). Darüber hinaus haben Referenten der Liga in vielen Städten Fortbildungsveranstaltungen für Ärzte durchgeführt. Zusätzlich bemüht man sich um Aufklärung bei Patienten und deren Angehörigen, z.B. durch Pressemitteilungen und eine Patientenzeitschrift oder Patientenseminare.
1979 gründete die Liga das **Deutsche Institut zur Bekämpfung des hohen Blutdrucks** (DIBHB, Adresse wie Hochdruck-Liga).
Das Institut betreibt naturwissenschaftliche Grundlagenforschung zu Ursachen und Bekämpfung des Bluthochdrucks.
Das DIBHB seinerseits ist Träger des **Nationalen Blutdruck-Programms** (NBP), das patientennah eine Verbesserung der Behandlungssituation in der Praxis anstrebt (Blutdruckmeßkurse, Aufklärung der Bevölkerung). Die Grundlagen dieses Programmes sind in verschiedenen Publikationen niedergelegt und können unter der o.a. Anschrift in Heidelberg angefordert werden.

Gesellschaft für **Infarktbekämpfung** e.V., Kastellstr. 11, **7061 Schorndorf-Haubersbronn,** ☎ 07181/3016.
Das Hauptanliegen des Vereins ist die Propagierung einer sofortigen arztunterstützten Selbstmedikation zu Beginn des Herzinfarktes mit Strophanthin, d.h. im therapeutischen Vakuum **vor** Eintreffen des Arztes. Außerdem steht man der verbreiteten rein mechanistischen Vorstellung der Entstehung des Herzinfarkts durch Koronararterienverengung mit Skepsis gegenüber.

Deutsche Arbeitsgemeinschaft für **kardiologische Prävention und Rehabilitation** e.V., Geschäftsstelle, Herbert-Hellmann-Allee 11, **7812 Bad Krotzingen**.
Bei den Geschäftsstellen des Vereins kann man Informationen über örtliche Konorargruppen erhalten sowie die Broschüre »Leben mit der chronischen Herzkrankheit. Wie soll es weitergehen?«

Deutsche Herzhilfe e.V., Haus der Gesundheit, Oberanger 43, **8000 München 2,** ☎ 089/2603636.
Die Deutsche Herzhilfe veranstaltet u.a. jährlich einen fachmedizinischen Kongreß, in dessen Mittelpunkt zuletzt der Risikofaktor Bluthochdruck (laut US-Medizinern »Amerikas heimlicher Mörder Nr. 1«) stand.

Aktion-Venen-Hilfe, Postfach 160, **8020 Grünwald.**
Eine Initiative der Pharmaindustrie zur Verbesserung von Vorbeugung und Behandlung der Venenleiden, vor allem von Krampfadern, die durch Thrombosen zu schweren Schädigungen an Herz, Kreislauf und Lungen führen können.

Herzzentren:

Deutsches Herzzentrum Berlin, Augustenburger Platz 1, 1000 Berlin 65, ☎ 030/4505-1.
Herzzentrum Nordrhein-Westfalen, Klinik für Thorax— und Kardiovaskularchirurgie, Georgstr. 11, 4970 Bad Oeynhausen, ☎ 05731/9701.
Deutsches Herzzentrum München des Freistaates Bayern, Lothstr. 11, 8000 München 2, ☎ 089-120901.

TIP:

Klinikanschriften mit herzchirurgischen Einrichtungen und Rehabilitationszentren können bei den Landesversicherungsanstalten (siehe unter Stichwort »Versicherungsträger«) oder, unter besonderer **Berücksichtigung naturheilkundlicher Einrichtungen,** beim Verlag angefordert werden: **VGG,** Postfach 1116, 7254 Hemmingen (gegen DM 3,50 in Briefmarken).
Eine ganzheitsmedizinische Nachsorgeeinrichtung ist beispielsweise die Klinik für Herz- und Kreislauferkrankungen, Römerstr. 17, 8221 Seebruck, ☎ 08667/760.

Impfschäden

(siehe auch unter »Patientenschutz«)

Schutzbund für Impfgeschädigte e.V., P. A. Göckus & Partner, Alte Poststr. 12-16, **5900 Siegen,** ☎ 0271/55019.
Impfschädigungen können von verschiedener Art und Schwere sein. Sie können sowohl eine körperlich-geistige Behinderung darstellen oder als Sinnesschädigung auftreten. Der Schutzverband für Impfgeschädigte e.V. bemüht sich um die rechtliche Sicherstellung der Geschädigten. Der Verband möchte ihre Interessen Behörden gegenüber wahrnehmen und Rat und Hilfe gewähren. Oft geht es erst einmal darum, durch entsprechende Gutachten den Zusammenhang zwischen Impfung und Erkrankung bzw. Schädigung nachzuweisen. Der Verband gewährt Rechtsberatung und Rechtshilfe bei der Durchsetzung der Ansprüche auf Rente, Pflegegeld usw. Der Schutzverband ist eine überörtliche Organisation, hat keine Ortsgruppierungen oder Selbsthilfegruppen und führt auch keine rehabilitativen Maßnahmen durch.

Kinder

Deutsche Gesellschaft für **Kinderheilkunde,** Universitäts-Kinderklinik, Prof. Dr. Bickel, Voßstr. 2, **6900 Heidelberg 1,** ☎ 06221/562311.

Heilpädagogisch-therapeutische Arbeitsgemeinschaft zur Förderung des **entwicklungsgestörten Kindes** e.V., Haus Mignon, Georg-Bonne-Str. 9, **2000 Hamburg 52,** ☎ 040/828482.

Verein zur Förderung und Betreuung **spastisch gelähmter Kinder** e.V., Südring 36, **2000 Hamburg 60,** ☎ 040/271113 oder 2707900.

Hilfe für das autistische Kind e.V., Bundesverband, Bebelallee 141, **2000 Hamburg 60,** ☎ 040/5115604.
Beim Autismus handelt es sich um eine grundlegende Störung in der Verarbeitung von Sinneseindrücken, die sich spätestens bis zum 3. Lebensjahr zeigt. Autistische Kinder können mit den aufgenommenen Sinnesreizen nichts anfangen und kapseln sich (auch gegen ihre Eltern) ab. Der Bundesverband wurde 1970 von betroffenen Eltern zur Selbsthilfe gegründet. Er ist mittlerweile Dachorganisation für 22 Regionalverbände mit 20 therapeutischen Einrichtungen und anderen Projekten und fungiert als Organisations- und Kommunikationszentrum auf Bundesebene. Zu seinen Aufgaben gehören die Beratung von Eltern, Fachleuten und Regionalverbänden, die Veranstaltung

von Fachtagungen und Fortbildungsseminaren, die Veröffentlichung von Fachliteratur und die Vertretung der Interessen autistischer Menschen und ihrer Familien gegenüber den zuständigen Bundesministerien.
Zweimal im Jahr erscheint die Vereinszeitschrift »autismus«, die auch im freien Verkauf erhältlich ist. Sie soll sowohl Eltern als auch Fachleute ansprechen. Außerdem steht kostenloses Informationsmaterial (u.a. eine Liste von therapeutischen Spezialeinrichtungen) für jeden Interessierten zur Verfügung.

Deutscher Kinderschutzbund (DKSB) e.V.

Drostestr. 14-16, **3000 Hannover 1**, ☎ 0511/662056.
Der DKSB ist mit 37.000 Mitgliedern ein Zusammenschluß unterschiedlicher Menschen, der das Ziel hat, die Lebenssituation von Kindern und ihren Familien zu verbessern. Deshalb tritt man dafür ein, daß die im Grundgesetz auch für Kinder und Jugendliche verankerten Rechte eingelöst werden.
Die praktische Arbeit des Vereins hat 3 Schwerpunkte: Einmal auf politischer Ebene die Einflußnahme auf Gesetzgebung, Planung und Verteilung finanzieller Mittel. Zum anderen wird auf gesellschaftlicher Ebene versucht, die Diskussion anzuregen, die öffentliche Meinung zu beeinflussen, auf Mißstände hinzuweisen sowie den Menschen die Möglichkeit zu eröffnen, ihre Interessen zu vertreten und aktiv zu werden. Schließlich dienen viele der vom DKSB geschaffenen Einrichtungen dazu, einzelnen Menschen bei der Bewältigung von Krisensituationen zu helfen, so z.B. die »Sorgentelefone«, die Familienhilfe, die Beratungsstellen, die Obdachlosenarbeit oder die Initiative »Kind im Krankenhaus«.
Außerdem gibt man die Zeitschrift »Kinderschutz aktuell« (4 Hefte im Jahr) und weitere Schriften z.B. zum Thema »Kranke Umwelt — kranke Kinder« heraus.
Im Bundesverband arbeiten 11 Landesverbände und über 300 Ortsverbände des DKSB.

Lernen fördern — Bundesverband zur Förderung Lernbehinderter e.V., Beratungs- und Geschäftsstelle, Rolandstr. 61, **5000 Köln 1**, ☎ 0221/374828.
Rund 160.000 Kinder und Jugendliche in der BRD gelten als lernbehindert. Sie sind also in ihrer Entwicklung gehemmt und in ihrem Lernen dauernd so schwerwiegend beeinträchtigt, daß sie in der Regel den Anforderungen der allgemeinen Schule nicht gerecht werden können und eine zusätzliche Förderung brauchen. Meistens erhalten sie diese zusätzlichen Hilfen in der Sonderschule. Lernbehinderungen enden jedoch nicht mit der Schulzeit, sondern bestehen auch bei Berufsfindung und Ausbildung weiter und fordern oft besondere Hilfen.
»Lernen fördern« besteht seit 20 Jahren; hier haben sich Eltern, Freunde und Förderer zusammengeschlossen, um die soziale Integration Lernbehinderter zu verbessern. Der Verband hat 13.000 Mitglieder in 190 Ortsvereinen (Selbsthilfegruppen) und arbeitet fast ausschließlich ehrenamtlich. Hauptziele sind die Information und Beratung von Eltern, Öffentlichkeits- und Freizeitarbeit, Hilfen für die Berufseingliederung und die Zusammenarbeit mit gleichgesinnten Institutionen. Beim Bundesverband sind zahlreiche Ma-

terialien und Schriften erhältlich, darunter auch die regelmäßig erscheinende Zeitschrift »Lernen fördern«.

Bundesverband **Neue Erziehung** e.V., Aktion Eltern helfen Eltern, Oppelner Str. 130, **5300 Bonn,** ☎ 0228/6685111.

Stiftung Hilfswerk für **behinderte Kinder**, Wielandstr. 4, **5300 Bonn 2,** ☎ 0228/8311.

Deutsche **Liga für das Kind** in Familie und Gesellschaft (Initiative gegen frühkindliche Deprivation), Fährstr. 17 a, **5452 Weißenthurm,** ☎ 02637/8960.

Stiftung für das **behinderte Kind** zur Förderung von Vorsorge und Früherkennung, Kennedyallee 123, **6000 Frankfurt/Main 70,** ☎ 069/637109.

Bundesarbeitsgemeinschaft zur Förderung **haltungsgeschädigter Kinder und Jugendlicher** e.V., Fischtorplatz 17, **6500 Mainz,** ☎ 06131/227440.

Gesellschaft zur Erforschung des **plötzlichen Säuglingstodes** (GEPS) e.V., Postfach 610449, **7000 Stuttgart 61,** ☎ 0711/354506.

Eltern, die gerade ihr Baby verloren haben, benötigen das Gespräch mit anderen betroffenen Menschen. Damit sie auf andere Eltern zugehen können, verschickt die GEPS auf Anforderung eine Liste »Eltern helfen Eltern«. Sie enthält die Anschriften von anderen betroffenen Eltern im näheren Umkreis.

Kuratorium Schulverpflegung e.V., Waldparkstr. 11b, **8012 Ottobrunn-Riemerling,** ☎ 089/6096459.

Kontakte zum Thema »Zappelphilipp«:

Arbeitskreis überaktives Kind

(früher Phosphat-Liga), Hinter den Höfen 82, **2743 Anderlingen,** ☎ 04284/8166.

Bei Kindern kann eine Überempfindlichkeit gegen den Mineralstoff Phosphor zu allergischen Reaktionen führen, die sich in Verhaltensauffälligkeiten (Störung des Unterrichts, Lernschwierigkeiten, sozial unangepaßtes Verhalten u.ä.) äußern. Man schätzt, daß bis zu 15% aller Kinder in verschiedenen Graden überempfindlich reagieren. In einem solchen Falle sind beispielsweise Colagetränke und Schokolade strengstens zu meiden.

Phosphat ist jedoch nur ein Faktor unter mehreren, die zu den erwähnten Verhaltensauffälligkeiten führen können; aus diesem Grunde wurde der Vereinsname im Herbst 1987 neu gefaßt.

Elternkreis **Phosphatreduzierte Kost**, c/o Bärbel Kronewetter, Am Mühlenteich 6, **5100 Aachen.**

Verein zur Förderung der **Kinder mit minimaler cerebraler Dysfunktion** (MCD) e.V., c/o Fam. Kindereit, Friedemann-Bach-Str. 1, **8032 Gräfelfing,** ☎ 089/8543305.

Der Verein wurde 1985 als Selbsthilfeinitiative gegründet, bei der Eltern, Ärzte, Therapeuten, Erzieher und Psychologen mitarbeiten.

Anlaß für die Eltern war, daß das Krankheitsbild ihrer Kinder (übermäßige Bewegungsaktivität, Nervosität, Schulversagen) nicht ernstgenommen wurde und man oft Mißerfolge bei der Suche nach geeigneten Therapien und Erziehungseinrichtungen erleben mußte. Weder bei Kinderärzten noch in Schulen und Kindergärten ist man üblicherweise mit der besonderen Problematik von MCD-Kindern vertraut.

So sind es die Hauptziele des Vereins, Kenntnisse in der Öffentlichkeit über

MCD zu vermitteln und Eltern bzw. Erziehungsberechtigte zu beraten. Es gilt besonders, die Früherkennung im Vorschulalter zu fördern und die Kinder während der Schuljahre und bei der Berufswahl und Berufsausbildung zu unterstützen. Schließlich strebt man die Einrichtung von Spezialbehandlungszentren an.
Gegenwärtig werden gerade eigene Therapiegruppen aufgebaut und der Verein freut sich über jeden Kontakt mit Eltern und Institutionen.

Krankenhaus

Deutsche **Krankenhausgesellschaft** + Arbeitsgemeinschaft **Deutsches Krankenhaus**, Tersteegenstr. 9, **4000 Düsseldorf 30**.

Bundesverband der Deutschen **Privatkrankenanstalten** e.V., Reuterstr. 187, **5300 Bonn 1**, ☎ 0228/212901.
Der Bundesverband hat unter der Telefonnummer 0228/211423 ein Informationstelefon eingerichtet, mit dessen Hilfe Interessierte sich über Privatkliniken, Kurkrankenanstalten und Rehabilitationskliniken informieren können.
Darüber hinaus ist weiteres Informationsmaterial über Privatkrankenanstalten im Bundesgebiet auf Anfrage erhältlich.
Ein Verzeichnis von Privatkliniken in der BRD wird gegen Einsendung von DM 3,-- in Briefmarken an Ärzte und Patienten verschickt.

Aktionskomitee **Kind im Krankenhaus** e.V., Kirchstr. 34, **6370 Oberursel 4**, ☎ 06172/303600.
Ziel des Aktionskomitees ist es, die Situation der Kinder im Falle eines Krankenhausaufenthalts optimal zu gestalten. Denn solche Ereignisse sind Krisen, die fast die Hälfte aller Kinder schon vor dem Schulantritt am eigenen Körper kennenlernen müssen. Konkret bearbeitet man folgende Schwerpunkte: unbegrenzte Besuchszeit für Eltern aller kranken Kinder; Mitaufnahme einer Bezugsperson ohne private Kostenbeteiligung; Anwesenheit einer Bezugsperson bei kleinen Eingriffen, Untersuchungen und Visiten; kindgerechte Räumlichkeiten im Krankenhaus schon bei der Planung (Eltern-Mitaufnahme, Rooming In); natürliche Geburt und Stillen u.ä.
Das Aktionskomitee ist inzwischen an über 80 Orten der BRD persönlich vertreten und wird dabei von namhaften Fachleuten unterstützt. Hauptaufgaben sind die Aufklärungsarbeit (Erstellung von Infomaterial und Elternberatung). Eine Liste des verfügbaren Informationsmaterials sowie die Adresse der nächstgelegenen »Kind-im-Krankenhaus-Gruppe« ist unter der o.a. Anschrift erhältlich.

EKIKO Verein zur Förderung des Eltern-Kind-Kontaktes im Krankenhaus e.V., c/o Wolfgang Mattern, Säckingenstr. 22, **8000 München 90**, ☎ 089/647841.

TIP:

Zahlreiche Hinweise zu medizinischen Spezialeinrichtungen enthalten die beiden Bücher:
Norbert Wölfl: Die richtige Klinik. Handbuch der Spezialkliniken (Kösel Verlag München 1987, DM 29,80) und
Norbert Messing: Biologische Klinikbehandlung & Kur. Krankenanstalten, Sanatorien und Kurheime. Natürliche Heilweisen. Vitalstoffreiche Ernährung (er-

hältlich gegen DM 12,— + Porto direkt beim Verlag: VGG, Postfach 1116, 7254 Hemmingen).

Krebs

Krebs ist bei uns mit etwa 160.000 Sterbefällen im Jahr die zweithäufigste Todesursache — ein bedrückender Umstand, da sich »die wichtigsten Krebsformen durch individuelle und gesteuerte Vorbeugung vermeiden lassen«, wie ein international anerkannter Experte dies einmal formulierte.

Viele der herkömmlichen Therapieformen, vor allem Bestrahlung und Chemotherapie, gelten auch bei Krebsfachleuten als »inhuman« (Prof. Klaus Thomsen). Ihr Einsatz kann das Leben des Patienten oft nicht verlängern, verschlechtert seine Lebensqualität jedoch mit Sicherheit. Dieser Zusammenhang äußert sich ganz deutlich im offenen Bekenntnis vieler Mediziner, sie würden an sich selbst derartige Behandlungen nicht vornehmen lassen.

Es kann also nicht verwundern, wenn »biologische Außenseitermethoden« zunehmend an Interesse gewinnen, auch wenn sie noch weit davon entfernt sind, auch nur als Zusatz- und Begleitmaßnahmen wissenschaftlich anerkannt zu sein.

Jedenfalls gibt es inzwischen damit durchaus Alternativen zum routinemäßigen »gnadenlosen Zuviel an Therapie« (DER SPIEGEL), und viele der nachfolgend genannten Kontaktadressen können hier »sanftere«, wenn auch oft ebenfalls nicht unumstrittene Behandlungswege aufzeigen.

Allgemeines

Gesellschaft für **Tumortherapie** e.V., Paulinenallee 32, **2000 Hamburg 20,** ☎ 040/437420.

Deutsche Krebsgesellschaft e.V.

Hufelandstr. 55, **4300 Essen 1,** ☎ 0431/79913488.

Landesverbände:

Schleswig-Holsteinische Krebsgesellschaft e.V., Flämische Str. 6-10, **2300 Kiel 1,** ☎ 0431/94294.

Landesverband Bremen für Krebsbekämpfung und Krebsforschung e.V., Rembertistr. 99, **2800 Bremen 1,** ☎ 0421/325169.

Der Landesverband unterhält seit 1977 eine Beratungsstelle und finanziert sich ausschließlich aus Spenden. Seine Aufgaben sind:

1. Die Förderung der Inanspruchnahme von Krebs-Frühuntersuchungen.
2. Allgemeine medizinische Beratung der Bremer Bevölkerung, insbesondere in Vorsorgeangelegenheiten.
3. Zusammenarbeit mit dem Tumorzentrum Bremen (Hauptaufgabe: die Behandlung und ärztliche Nachsorge von Krebskranken).
4. Zusammenarbeit mit Selbsthilfegruppen.

Niedersächsische Krebsgesellschaft, Ellernstr. 36, **3000 Hannover 1,** ☎ 0511/815091 und 92.

Hessische Krebsgesellschaft, Rotes-Kreuz-Krankenhaus, Hansteinstr. 29, **3500 Kassel,** ☎ 0561/30861.

Gesellschaft zur Bekämpfung der Krebskrankheiten e.V., Kettwiger Str. 6, **4000 Düsseldorf 1,** ☎ 0211/7336655.

Die Gesellschaft besteht seit 1950; ihre Mitglieder sind ein Kreis von ehrenamtlich tätigen Ärzten aus Wissenschaft, Praxis und öffentlichem Gesundheitswesen. Tätigkeitsfelder sind u.a. die Laienaufklärung (Information über die Notwendigkeit einer frühzeitigen Erkennung und Behandlung von Krebskrankheiten), Führung eines Nachsorgeregisters, Veranstaltung von Symposien. Eine Arbeitsgemeinschaft der Gesellschaft bemüht sich in Zusammenarbeit mit den Tumorzentren um die Entwicklung neuer Konzepte zur Krebsdiagnostik, -therapie und -nachsorge. Auf dem Sektor der *Sozialarbeit* (psychosoziale Krebsnachsorge) veranstaltet man »Seminare über die Krebsnachsorge im Bereich der Sozialarbeit« und berät Krebskranke, ihre Familien, Selbsthilfegruppen, Sozialarbeiter und Ärzte in allen psychosozialen und sozialrechtlichen Fragen. Ganz besonders bemüht man sich um die Koordinierung der Selbsthilfezusammenschlüsse. Gegenwärtig beginnt ein hochinteressantes Modellprojekt »Förderung und Unterstützung der eigenorganisierten, örtlichen Krebs-Selbsthilfegruppierungen in Nordrhein-Westfalen«.

Krebsgesellschaft Rheinland-Pfalz, Schloßstr. 8, **5400 Koblenz,** ☎ 0261/33180.

Landesverband Saarland für Krebsbekämpfung und Krebsforschung e.V., Faktoreistr. 4, **6600 Saarbrücken 3,** ☎ 0681/4003271.

Krebsverband Baden-Württemberg e.V., Adalbert-Stifter-Str. 105, **7000 Stuttgart 40,** ☎ 0711/8482100.

Bayerische Krebsgesellschaft e.V., Tumblingerstr. 4, **8000 München 2,** ☎ 089/531175.
Die Gesellschaft besteht bereits seit 1925 (damals noch unter einem anderen Namen). Ursprünglich eine von Ärzten initiierte und geprägte Organisation, wurde 1965 eine gleichberechtigte Laiensektion ins Leben gerufen, um möglichst viele betroffene oder bedrohte Menschen zu erreichen und zu aktivieren.
Dabei rückte neben der Aufklärungstätigkeit immer mehr die direkte Beratung der Patienten in den Vordergrund. Im Zusammenhang mit diesen neuen Anforderungen entstanden bisher 5 **Sozialpsychologische Beratungsstellen** zur individuellen Information, Beratung und Betreuung:
8000 München 2 (Adresse wie oben).
8390 Passau, Städtisches Krankenhaus, Bischof-Pilgrim-Str. 1, ☎ 0851/5300/2268.
8500 Nürnberg: Burgstr. 4, Gesundheitsamt, Zimmer 105, ☎ 0911/163669.
8700 Würzburg: Ebracher Gasse 1, ☎ 0931/14047.
8900 Augsburg: Wilhelm-Löhe-Haus, Inneres Pfaffengäßchen 12, ☎ 0821/3204/165.
Seit 1978 wurden daneben inzwischen an 56 bayerischen Orten lokale Selbsthilfegruppen für Betroffene gegründet (zu erfragen über die o.a. Anschriften).
Regelmäßige Rundschreiben informieren die Mitglieder der Gesellschaft über aktuelle Themen.

Nachsorge-Einrichtung für Tumorkranke e.V., Fuhlsbüttlerstr. 401, **2000 Hamburg 60,** ☎ 040/6310003.
Für viele Krebskranke sind ihre Krankheit und die damit verbunden Leiden eine Art Schock und sie verspüren das Bedürfnis, Kontakt zu Menschen aufzunehmen, die ihre Probleme aufgrund ihrer eigenen Be-

troffenheit nachfühlen können. All diesen Menschen bietet die Nachsorge-Einrichtung seit nunmehr 10 Jahren im Hamburger Raum die Möglichkeit, liebevolle Aufnahme zu finden. Zwei hauptamtliche Fachkräfte bemühen sich dabei, den betroffenen Frauen und Männern zu helfen. Es wird versucht: die Krankheit gemeinsam zu verarbeiten; Ängste abzubauen; Konflikte zu bewältigen; die Einsamkeit sowie die soziale und berufliche Isolation zu überwinden; das Allgemeinbefinden zu bessern und neue Lebensqualität aufzubauen. Bei der Beratung durch eine Diplom-Psychologin können auch allgemeine Lebensfragen besprochen werden. Eine Beschäftigungstherapeutin gibt Anleitungen zu Handarbeiten. Außerdem stehen Entspannungstherapien, gemeinsame Ausflüge und Theaterbesuche auf dem Programm. Diese Verbundenheit in der Gruppe führt dazu, daß der einzelne auch bei schwerster Abhängigkeit nicht alleinsteht und durch Besuche sowie Hilfeleistungen mitmenschlichen Beistand erfährt.

Deutsche Krebshilfe
Thomas-Mann-Str. 40, **5300 Bonn 1,** ☎ 0228/729900.
Die Krebshilfe ist die bei weitem größte und finanzkräftigste Organisation unter den selbständigen Initiativen. 1987 gingen beispielsweise 46 Millionen DM an Spendengeldern ein.
Ziel der von Mildred Scheel (gestorben im Mai 1985) gegründeten Krebshilfe ist die Verbesserung der Krebsbekämpfung durch Förderung von Maßnahmen der Vorsorge, Therapie und Nachsorge sowie der Krebsforschung.

Dr. Mildred Scheel **Stiftung für Krebsforschung**, Thomas-Mann-Str. 40, **5300 Bonn 1** ☎ 0228/729900.

Gesellschaft für **Prä- und Postoperative Tumortherapie** e.V., **6509 Undenheim,** ☎ 06737/1298.

Deutsche Gesellschaft für **Onkologie** e.V., Hauptstr. 1, **6900 Heidelberg 1**.

Deutsches Krebsforschungszentrum
Abteilung Krebsinformationsdienst, Im Neuenheimer Feld 280, **6900 Heidelberg,** ☎ 06221/410121.
Unter der aufgeführten Telefonnummer erhält der Anrufer von Montag bis Freitag (7 bis 20 Uhr) Antwort auf alle mit dem Krebs zusammenhängenden Fragen.

Gesellschaft für **Biologische Krebsabwehr** e.V., Hauptstr. 27, Postfach 102549, **6900 Heidelberg 1,** ☎ 06221/161525.
Die Gesellschaft besteht seit 5 Jahren. Ihr Ziel ist es, die biologischen Zusatztherapien bei Krebs aus ihrer »Außenseiterrolle« herauszuführen.

Gesellschaft zur **Förderung der Krebstherapie** e.V., Am Eichhof, **7532 Niefern-Öschelbronn,** ☎ 07233/3411.

Gesellschaft für **Angewandte Erfahrungsheilkunde und Biologische Krebsbekämpfung e.V.** (GEK), Internationale Kooperation, Postfach 1550, **7600 Offenburg,** ☎ 0781/39911.
Jährlich erkranken in der Bundesrepublik etwa 300.000 Menschen neu an Krebs. Bereits jeder fünfte stirbt heute an dieser Krankheit, die uns im weitesten Sinne als ein Vermächtnis von Zivilisation und Umwelt auferlegt ist. Trotz hohen materiellen und wissenschaftlichen Einsatzes sind in den letzten Jahrzehnten kaum nennenswerte Heilungsfortschritte zu

verzeichnen. Resignation macht sich in der Bevölkerung breit. Aber noch längst sind nicht alle Möglichkeiten und Mittel im Kampf gegen den Krebs ausgeschöpft. Hier hat es sich die GEK zur Aufgabe gemacht, eine wichtige Lücke zu schließen: Die Erforschung und Förderung natürlicher Heilweisen.
Die GEK besteht seit 1984 und ist als gemeinnützig anerkannt. Sie versammelt betroffene Patienten, Biologen, Mediziner, Heilpraktiker, Psychologen, Juristen und interessierte Laien.
Eines ihrer Ziele ist der Aufbau eines Forschungszentrums und einer Ausbildungsstätte für alternative Krebstherapie auf biologischer Grundlage sowie die Errichtung von ambulanten Tageskliniken.
Besonderes Gewicht legt die GEK auf die Naturheilweisen im Bereich der vorbeugenden Maßnahmen gegen Krebs.

Deutsche Gesellschaft für **Haematologie und Onkologie**, Landwehr 61, **8000 München 2**, ☎ 089/539461.

Krebskranke Kinder

»Da wachsen Kinder auf
an Fensterstufen,
die immer in demselben
Schatten sind,
und wissen nicht, daß
draußen Blumen rufen
zu einem Tag voll Weite,
Glück und Wind —
und müssen Kind sein
und sind traurig Kind«.

Rainer Maria Rilke

Fördergemeinschaft zur Erforschung und Heilung von **Krebskrankheiten bei Kindern** e.V., Martinistr. 53, **2000 Hamburg 20**, ☎ 040/4682720.

Selbsthilfegruppe der **Eltern hämatologisch und onkologisch erkrankter Kinder**, Groten Hoff 13, **2000 Hamburg 67**, ☎ 040/6038487.

Verein zur Förderung der Behandlung **krebskranker Kinder** e.V., Bergener Str. 36, **3000 Hannover 61**, ☎ 0511/572003.

Kind-Philipp-Stiftung für Leukämieforschung, Stifterverband für die Deutsche Wissenschaft, Postfach 230360, **4300 Essen**, ☎ 0201/711051.

Grace P. Kelly Vereinigung zur Unterstützung der Krebsforschung für Kinder e.V.

HT 718, Bundeshaus, **5300 Bonn 1**, ☎ 228/16-9206.
In der BRD erkranken jährlich fast 2.000 Kinder neu an Krebs. Viele von ihnen sterben nach jahrelangem Leiden, operiert, bestrahlt, hin und her transportiert zwischen Spezialkliniken.
Für diese Kinder setzt sich die Bundestagsabgeordnete Petra K. Kelly ein, seit ihre 11jährige Schwester Grace 1970 an Krebs erkrankte. Ziel ist eine umfassende Verbesserung der Behandlungssituation für krebskranke Kinder. Ausdruck findet dieses Bemühen im Begriff des »Kinderplaneten«, einer an den Bedürfnissen der Kinder orientierten, geschützten Umgebung als Gegengewicht zur beängstigenden medizinischen Welt des Krankenhauses.
Dieses Projekt konnte bisher wegen fehlender öffentlicher Unterstützung (Personalstellen für Ärzte und Pflegekräfte) nicht realisiert werden, und so ist die Vereinigung zur Verwirklichung ihrer Ziele auf Spenden und eine breite Unterstützung aus der Bevölkerung angewiesen.

DLFH — Aktion für **krebskranke Kinder** e.V., Ahornweg 2, **6367 Karben 1,** ☎ 06039/3452.

Deutsche Leukämie-Forschungshilfe — Aktion für krebskranke Kinder e.V. (Dachverband der Elterninitiativen), Bassermannstr. 35, **6800 Mannheim,** ☎ 0621/411162.

Förderkreis **Krebskranker Kinder** e.V., Büchsenstr. 22, **7000 Stuttgart 1,** ☎ 0711/297356.

EKIKO, Gruppe krebskranker Kinder, Säckingenstr. 22, **8000 München 90,** ☎ 089/647841.

Selbsthilfegruppen

Interessengruppe für **Prostata-Operierte**, Reichssportfeldstr. 16/1024, **1000 Berlin 19,** ☎ 030/3044945.

Arbeitskreis der **Pankreatektomierten** e.V., Ostpreußenallee 8, **4047 Dormagen 1,** ☎ 02106/42329.
(Pankreatektomie = Entfernung der Bauchspeicheldrüse).

Menschen nach Krebs e.V., Selbsthilfe, Reinhard Giersdorf, Locher Kotten 49, **5650 Solingen 19,** ☎ 0212/203132 + 51727 + 77172 (A. Jannes) + 16611 (A. Ohliger).
Es handelt sich um den Zusammenschluß von Krebserkrankten (ursprünglich unter der Bezeichnung »Männer nach Krebs«) und deren Angehörigen in Form eines gemeinnützigen Vereins, der auch auf Landes- und Bundesebene organisiert ist. An vielen Orten gibt es durch Gruppen oder Kontaktpersonen Anlaufstellen.
Neben den Gesprächskreisen bildet die Öffentlichkeitsarbeit einen weiteren Schwerpunkt der Vereinsaktivitäten (Informationsstände, Fachvorträge, Nachsorgemaßnahmen u.ä.).
Es werden keine Mitgliedsbeiträge erhoben; die Arbeit finanziert sich ausschließlich aus Spenden. Alle Veranstaltungen und Gruppenaktivitäten sind für jedermann offen. In Zukunft ist vor allem eine Ausweitung der Tätigkeit in Richtung gemeinsamer Freizeitgestaltung (Ausflüge, Theater- und Konzertbesuche) geplant. Ziel ist es dabei, den Betroffenen und ihren Angehörigen zu helfen, trotz der Krankheit ein ausgefülltes positives Leben zu führen und das Tabu »Krebs als Todesurteil« in der Bevölkerung abzubauen.

Bundesverband der **Kehlkopflosen** e.V., Luisenstr. 20, **6440 Bebra,** ☎ 06622/1823 (Mo.-Fr. 9-13 Uhr); übrige Zeiten: ☎ 06622/2945.
In der Bundesrepublik Deutschland leben zur Zeit mehr als 10.000 kehlkopflose Mitmenschen. Nach der Entfernung des Kehlkopfes bereitet insbesondere das Nichtsprechenkönnen dem Erkrankten besondere Schwierigkeiten. Eine neue Sprechtechnik (Oesophagusstimme oder das Sprechen mit Hilfe einer elektronischen Sprechhilfe) muß unter Anleitung von Fachkräften erlernt werden. Der Bundesverband und seine Landes-, Bezirks- und Ortsvereine arbeiten eng mit den HNO-Kliniken zusammen. Seine Hauptziele bestehen in der psychischen Stabilisierung der Betroffenen und in der Mitwirkung bei der Verbesserung von deren Rehabilitationsmöglichkeiten. Weitere Aufgaben sieht der Verband in der Aufklärung und Information der Betroffenen sowie der Fachkräfte wie Ärzte, Logopäden, Rehabilitationsberater etc.

Frauenselbsthilfe nach Krebs e.V.

L4/9, **6800 Mannheim 1**, ☎ 0621/24434.
Bei der Frauenselbsthilfe nach Krebs handelt es sich um eine Vereinigung von Frauen, die eine Krebserkrankung aus eigenem Erleben kennen. Sie sind Laien und arbeiten ehrenamtlich, unter Wahrung der Vertraulichkeit. Der Verein steht unter der Schirmherrschaft der Deutschen Krebshilfe und wurde 1976 gegründet. Gegenwärtig verfügt er über 5 Landesverbände mit bundesweit etwa 220 Gruppen.
Landesverbände gibt es in **Niedersachsen** (Frau Elly Wiegand, Auf der Höhe 30, 3404 St. Andreasberg, ☎ 05582/1016); **Nordrhein-Westfalen** (Frau Alida Wagner, Normannstr. 16, 4240 Emmerich, ☎ 02822/51109); **Hessen** (Frau Margaret Oberbacher, Rheingaustr. 21, 6238 Hofheim, ☎ 06192/8131); **Rheinland-Pfalz** (Frau Hannelore Gardlo, Richard-Wagner-Str. 29, 6711 Beindersheim, ☎ 06233/72655); **Baden-Württemberg** (Frau Irmgard Schmidt, Schönbronnerweg 41, 7277 Wildberg, ☎ 07054/2121).

Ziel der Mitarbeiterinnen des Vereins ist es, durch das eigene Beispiel Hoffnung zu geben, daß es ein erfülltes Leben nach einer Krebserkrankung gibt. Dies geschieht in Einzelgesprächen mit Betroffenen, Gruppengesprächen und durch Telefonberatung. In den einzelnen Gruppen trifft man sich zur gemeinsamen Gymnastik, zum Schwimmen, Wandern, Basteln oder Handarbeiten. Oft werden auch Fachleute zu Gruppensitzungen eingeladen (Ärzte, Psychologen, Ernährungsberater, Versicherungsexperten u.ä.).
Krebskranke helfen hierbei Krebskranken vor allem in den Bereichen:
1. Seelische Begleitung Krebskranker.
2. Hilfe bei der Überwindung von Angst vor weiteren Behandlungen.
3. Vorschläge zur Festigung der Widerstandskraft.
4. Hilfe zur Verbesserung der Lebensqualität.
5. Informationen über soziale Hilfen, Versicherungs- und Schwerbehindertenrecht.

Kontakte zu örtlichen Vereinigungen können unter den oben aufgeführten Adressen geknüpft werden.

Deutsche ILCO e.V. (Ileostomie/Colostomie/Urostomie Vereinigung, Stomaträger), Kepserstr. 50, **8050 Freising**, ☎ 08161/84909, 84911.
(Erläuterungen siehe unter Stichwort »Verdauungsleiden«).

Spezialkliniken:

Sonnenberg-Klinik, Fachklinik für Hämatologie-Onkologie und Immunologie, Hardtstr. 13, 3437 Bad Sooden-Allendorf, ☎ 05652/541.
Rehabilitationscentrum Urbachtal und Klinik Dr. Bartsch, 3579 Neukirchen/Knüll 1, ☎ 06694/170.
Sanatorium Schloß Hamborn, 4799 Borchen ü. Paderborn, ☎ 05251/38091.

Äskulap-Klinik, Klinik für Ganzheitsmedizin, Salinenstr. 14, 6927 Bad Rappenau, ☎ 07264/840.
An der Äskulap-Klinik entwickelte man ein neuartiges Therapiekonzept, in dessen Mittelpunkt mit der *aktiven Fiebertherapie* ein hochwirksames körpereigenes Heilungsprinzip steht.
Fieber galt lange Zeit als Bedrohung für den davon betroffenen Patienten. Diese Auffassung hat sich in den vergangenen Jahrzehnten grundlegend gewandelt; in-

zwischen spricht viel dafür, daß man vielmehr mit dem Fieber, therapeutisch eingesetzt, über eine der vielversprechendsten Waffen naturheilkundlicher Ganzheitsbehandlung gegen Tumorleiden verfügt (übrigens auch im Hinblick auf Multiple Sklerose oder Verdauungsleiden). Unterstützt durch andere klassische Naturheilverfahren konnten an der Äskulap-Klinik mittels kontrollierter Fieberstoßtherapie bedeutende Behandlungserfolge erzielt werden. Eine Reihe von Krankengeschichten und Patientenberichten aus den vergangenen 5 Jahren bestätigen den Eindruck vieler Beobachter, daß hier durch wirksame Stimulierung des körpereigenen Abwehrsystems ein nachhaltiger Behandlungsfortschritt erreicht wurde.

Hufeland Klinik für ganzheitliche immunbiologische Therapie, Bismarckstr. 16, 6990 Bad Mergentheim, ☎ 07931/8185.

Klinik Öschelbronn, 7532 Niefern-Öschelbronn, ☎ 07233/680.

Nachsorgeklinik Parksanatorium, Parkstr. 1, 7960 Aulendorf, ☎ 07525/795.

Gynäkologisch-Onkologische Klinik Bad Trissl, Bad Trissl-Str. 73, 8203 Oberaudorf, ☎ 08033/201

Schloßbergklinik, Schloßstraße, 8974 Oberstaufen, ☎ 08386/701-0.

Tumorzentren:

Tumorzentrum Hamburg, Universitätsklinikum, Zentrale Koordinations- und Auskunftsstelle, Martinistr. 52, **2000 Hamburg 20**, ☎ 040/468-1.

Tumorzentrum Kiel, Bereich Tumornachsorge, Arnold-Heller-Straße, **2300 Kiel**, ☎ 0431/5972147.

Tumorzentrum Hannover, Medizinische Hochschule, Postfach 610180, **3000 Hannover 61**, ☎ 0511/5324460 und 4453.

Tumorzentrum Münster, Sozialdienst der Uni-Kliniken, Domagkstr. 5, **4400 Münster**.

Tumorzentrum Köln, Universitätsklinikum, Psychosozialer Dienst, Joseph-Stelzmann-Str. 9, **5000 Köln 41**, ☎ 0221/4784613 und 4786030.

Tumorzentrum Mainz, Sozialer Beratungsdienst, Am Pulverturm 13, **6500 Mainz 1**, ☎ 06131/173003.

Nachsorgezentrum der chirurgischen Universitätsklinik Heidelberg, Im Neuenheimer Feld 155, **6900 Heidelberg**, ☎ 06221/563088.

Tumorzentrum Freiburg am Universitätsklinikum, Geschäftsstelle, Hugstetterstr. 55, **7800 Freiburg**, ☎ 0761/270-3312.

Tumorzentrum München, Universitätsklinikum, Zentrale Auskunftsstelle, Maistr. 11, **8000 München 2**, ☎ 089/5160-2238.

TIP:

Soeben ist der Patientenratgeber

Konkrete Krebshilfe. Ärztlicher Rat für aktive Vorsorge und ganzheitliche Therapie (48 Seiten, DM 10,-)

erschienen. Er enthält u.a. eine ausführliche Liste von Spezialkliniken zur Krebsbehandlung und biologischen Nachsorge und ist direkt beim Verlag erhältlich (VGG, Postfach 1116, 7254 Hemmingen/Württ.).

Kur- und Badewesen

Deutsche Gesellschaft für das **Badewesen** e.V., Alfredistr. 32, **4300 Essen 1**, ☎ 0201/

233030.

Deutscher **Sauna-Bund** e.V., Kavalleriestr. 9, **4800 Bielefeld 1,** ☎ 0521/69277 + 178134.

Der Verein wurde 1949 gegründet, um den Gedanken des Saunabades in Deutschland zu verbreiten. Er stellt seinen Mitgliedern eine Reihe von Leistungen zur Verfügung und wendet sich vor allem an die Betreiber von öffentlichen Saunabädern, Hotels und Pensionen, Hersteller und Handelsfirmen für Saunabau und —Zubehör, darüber hinaus jedoch auch an Ärzte und alle interessierte Personen. Neben Informationsdiensten für Saunabetreiber erscheint jeden 2. Monat die Publikumszeitschrift »Sauna & Freizeit« mit aktuellen und informativen Berichten zu Freizeit, Gesundheit und Saunabaden.

Deutscher Bäderverband e.V.

Postfach 190147, **5300 Bonn 1,** ☎ 0228/211088/89.

Der Deutsche Bäderverband ist ein Zusammenschluß mehrerer Bundesverbände mit dem Ziel der Förderung des gesamten deutschen Bäderwesens, der Sorge um die Erhaltung der natürlichen Heilmittel des Bodens und des Klimas in Deutschland.

Verbandsorgan ist die Fachzeitschrift »Heilbad und Kurort«.

Verband Deutscher **Heilbrunnen** e.V., Verband Deutscher **Mineralbrunnen** e.V., Kennedyallee 28, **5300 Bonn 2,** ☎ 0228/376891.

Wirtschaftsverband Deutscher **Heilbäder und Kurorte** e.V., Postfach 190147, **5300 Bonn 1,** ☎ 0228/211088.

Er vertritt die Interessen von rund 260 anerkannten Heilbädern und Kurorten in der BRD.

Verband Deutscher **Kneippheilbäder und Kneippkurorte**, Postfach 1260, **6277 Bad Camberg,** ☎ 06436/6005.

Kneipp-Heilbäder sind: 2427 Malente-Gremsmühlen, 3032 Fallingbostel, 3422 Bad Lauterberg, 3500 Kassel-Wilhelmshöhe, 3542 Willingen, 3551 Bad Endbach, 3554 Gladenbach, 4505 Bad Iburg, 5358 Bad Münstereifel, 5407 Boppard, 5439 Bad Marienberg, 5920 Bad Berleburg, 5928 Bad Laasphe, 6149 Grasellenbach, 6277 Bad Camberg, 6748 Bad Bergzabern, 7770 Überlingen, 8582 Bad Berneck, 8939 Bad Wörishofen.

Kneippkurorte gibt es insgesamt 36 (Liste auf Anfrage).

Felke-Bund e.V., Am Maasberg, **6553 Sobernheim,** ☎ 06751/2041.

Die Felke-Kur geht zurück auf »Lehmpastor« Leopold Emanuel Felke (1856 bis 1926). Hauptschauplatz dieser Kur ist der Bade-Park, wo an frischer Luft Gymnastik getrieben und Lehmbäder vorgenommen werden. Auf dem Speiseplan dieser Kuranstalten stand schon vor mehr als 50 Jahren eine vitalstoffreiche, naturbelassene Frischkost, und sie wurden damit zu einem Wegbereiter für die gegenwärtig immer mehr geschätzte Vollwerternährung. Empfohlen wird die Felke-Kur u.a. bei Kreislaufstörungen, rheumatischen Erkrankungen und Stoffwechselleiden.

Felke-Kurort ist 6553 Sobernheim. Felke-Kuren bietet auch das *Felke-Naturheilbad* in 6252 Diez an.

Schrothbund e.V., Postfach 10, **8974 Oberstaufen,** ☎ 08386/466.

Die Schroth-Kur, nach Johann Schroth (1798-1856), ist gekennzeichnet durch folgende Elemente: »Schroth-Packungen«,

wobei der Patient für Stunden in feuchte Tücher gehüllt wird, sowie durch eine ausgesprochen kohlenhydratbetonte Kost und die berühmten »Trink- und Trockentage«. An den Trinktagen wird reichlich Naturwein gereicht.
Zentrum für die Schroth-Kur ist *Oberstaufen*, einschließlich der Teilorte *Steibis, Thalkirchdorf* und *Aach*.

TIP:

Einen umfassenden Überblick über Kureinrichtungen mit ganzheitlichem Therapieangebot (Naturheilkunde, vegetarische bzw. vollwertige Ernährung u.ä.) sowie zu Fragen der Kostenerstattung für »Bio-Kuren« bietet der Patientenratgeber

Biologische Klinikbehandlung & Kur — Krankenanstalten, Sanatorien und Kurheime. Natürliche Heilweisen. Vitalstoffreiche Ernährung (96 Seiten, DM 12,--),

erhältlich beim **Verlag Ganzheitliche Gesundheit**, Postfach 1116, **7254 Hemmingen**, ☎ 07150/5828.
Ein Verzeichnis aller **Kneipp-Kurbetriebe** im deutschsprachigen Raum wird jährlich herausgegeben vom **Kneipp-Bund**, Postfach 600464, **8000 München 60**, ☎ 089/887626.

Lärmschutz

Bundesvereinigung gegen Fluglärm e.V.

Dr. Kurt Oeser, Westendstr. 26, **6082 Mörfelden-Walldorf 1**, ☎ 06105/72238.
Die Bundesvereinigung ist vor 20 Jahren als Dachorganisation der Kommunen und Bürgerinitiativen entstanden, die sich v.a. in der Nähe ziviler Großflughäfen vom Fluglärm der startenden und landenden Düsenflugzeuge betroffen fühlten. Mit dem in der Bundesvereinigung konzentrierten Sachverstand auf dem Gebiet der Lärmmeß- und Lärmbekämpfungstechnik sowie des Rechts war sie maßgebend an den gesetzgeberischen Bemühungen um die Minderung des Fluglärms und seiner schädlichen Folgen beteiligt und bestimmt heute in vielen Gremien (Lärmschutzkommissionen, Ministerien) mit.
In Verbindung mit dem Anwachsen militärischen Luftverkehrs erwuchs der Bundesvereinigung ein neues Betätigungsfeld. Dies gilt besonders für die erhöhte Flugtätigkeit in den Tief- und Tiefstfluggebieten seit etwa 1982.

Bürgerinitiative gegen **Tieffluglärm** e.V., Bundeskoordinationsstelle, Obere Schloßgasse 3, **6509 Biebelnheim**, ☎ 06733/7897.
Die o.a. Anschrift ist im Augenblick die zentrale Anlaufstelle für die gesamten bundesdeutschen Initiativen gegen Tieffluglärm, d.h. gegen tieffliegende Flugkörper, Strahlflugzeuge und Hubschrauber. Da nur militärische Flugzeuge so laut und so tief üben, richtet sich der Widerstand gegen die Flugpraxis der Bundesluftwaffe und der NATO-Alliierten. Die Formen der Gegenwehr sind vielfältig, von Drachen- und Ballonaktionen bis hin zu juristischen Prozessen.
Monatlich wird ein Informationsblatt mit den neuesten Nachrichten aus der Bewegung herausgegeben.

Messen, Ausstellungen

BIOTA, Ausstellung für Gesundheit, Ernährung und Umwelt. KPS Messe- und Ausstellungs GmbH, Carl-Schurz-Str. 82,

2800 Bremen 1, ☎ 0421/342091.
Die BIOTA findet jährlich in der Stadthalle Bremen (zuletzt im März 1988) und in Hamburg, Messehallen (zuletzt vom 3. bis 6. November 1988).

Vitalis, Avorga GmbH, Husarenstr. 22, **3300 Braunschweig**, ☎ 0531/331415.
Jährlich werden mehrere Messen an verschiedenen Orten organisiert, z.B. in München (zuletzt vom 19. bis 23.5.1988, Olympiahalle) oder in Braunschweig (zuletzt 8. bis 11. September 1988).

aktiv. Düsseldorfer Messegesellschaft mbH (NOWEA), Postfach 320203, **4000 Düsseldorf 30**, ☎ 0211/4560-01.
Findet jährlich im Frühsommer statt. Zuletzt vom 1. bis 5. Juni 1988.

FNG, Internationale Fachausstellung für Naturheilverfahren und Gesundheit. Messe Essen GmbH, Postfach 100165, **4300 Essen 1**, ☎ 0201/7244-0.
Die FNG findet etwa alle 2 Jahre statt, zuletzt im September 1987, zusammen mit einem Internationalen Kongreß für Naturheilverfahren und Ganzheitsmedizin (Info: ZDN, Hufelandstr. 56, 4300 Essen 1, ☎ 0201/792792).

NATÜRLICH LEBEN. Messe-Info: Jürgen Ries, Am Eckbach 3, **7801 Bollschweil bei Freiburg**, ☎ 0761/54454.
Veranstaltungsort: Mülheim/Ruhr, Stadthalle. Zuletzt vom 16. bis 19. Juni 1988.

naturvita, Ausstellung für gesunde und natürliche Lebensweise. Dortmund, Westfalenhalle. Informationen unter: ☎ 0231/1204521.
Die »naturvita« fand bereits viermal statt, und zwar zuletzt vom 23. bis 27. November 1988.

Natur und Gesundheit, Gunther Anhalt, Fachausstellungen, Am Fließ 10, **5013 Elsdorf**, ☎ 02274/3743.
Ausstellungen in Köln (zuletzt 9. bis 11. September 1988, Messegelände) und in anderen Großstädten.

pro sanita, Stuttgarter Messe- und Kongressgesellschaft mbH, Postfach 10 32 52, **7000 Stuttgart 10**, ☎ 0711/2589-0.
Bei der Stuttgarter »pro sanita« handelt es sich um einen »Weltmarkt für aktive Gesundheit«, die größte internationale Fachausstellung für Gesundheit und Natur. Sie findet alle zwei Jahre statt. Nächster Termin ist vom 10. bis 15. Juni 1989 auf dem Stuttgarter Killesberg.

fit und gesund. Karlsruher Kongreß- und Ausstellungs-GmbH, Postfach 1208, **7500 Karlsruhe 1**, ☎ 0721/37200.
Informations- und Verkaufsausstellung für den Gesundheits- und Fitnessbereich. Bisher zweimal, jeweils in den Sommermonaten, veranstaltet.

REHAB, Fachausstellung für Rehabilitation, interService Borgmann GmbH, Postfach 748, **4600 Dortmund 1**, ☎ 0231/128010.
Die REHAB findet jährlich in Karlsruhe statt (zuletzt 23. bis 26. März 1988).

vitafit. Internationale Bodensee-Messe Friedrichshafen GmbH, Messegelände, **7990 Friedrichshafen 1**, ☎ 07541/7080.
Ausstellung für aktives und gesundes Leben. Zuletzt vom 1. bis 4. September 1988.

esoterik, Natur und Gesundheit für Körper, Geist und Seele. Organisation: Alexander Dohn, Marsstr. 17, **8000 München 2**, ☎ 089/553131.
Jährliche Ausstellung in München (zuletzt im März 1988); Themen: von Astrologie, Pendel oder Selbsterfahrung bis zur

gesunden Ernährung und Naturheilkunde.

Umwelt + Gesundheit. Messezentrum Nürnberg, AFAG, **8500 Nürnberg,** ☎ 0911/86070.

Umwelt Messe. Conplan, Ludwig-Erhard-Anlage 1, **6000 Frankfurt/Main 1,** ☎ 069/740811.
Ausstellung in Würzburg, zuletzt vom 15. — 19. Juni 1988.

NATURA (Basel), Ausstellung für gesunde Lebensweise. Mustermesse, Kongreßbüro, Postfach, **CH-4021 Basel,** ☎ 0041/61/262020.
Die NATURA findet jährlich im Frühjahr (März) statt.

Migräne

Deutsche **Migräne-Gesellschaft** e.V., c/o Prof. Dr. Klaus Christiani, Niemannsweg 147, **2300 Kiel,** ☎ 0431/5972609.

Spezialklinik:

Migräne-Klinik Königstein, Ölmühlweg 31, 6240 Königstein/Taunus, ☎ 06174/29040.

Multiple Sklerose

Multiple Sklerose Informations- und Beratungsstelle (IBS), Goßlerstr. 12c, **3400 Göttingen,** ☎ 0551/398417.
MS-Betroffene und ihre Familien können sich in der IBS über Einzelheiten der MS-Erkrankung informieren und beraten lassen. Darüber hinaus besteht die Möglichkeit der ambulanten ärztlichen Untersuchung und Betreuung (u.a. Selbsthilfetraining, handwerkliches Arbeiten in Gruppen, Vermittlung von Spezialkliniken, Schwangerschaftsberatung, Rehabilitationsmaßnahmen, soziale Beratung z.B. in finanziellen Fragen). Auch psychologische Beratung wird in Form von Einzelgesprächen und Gruppentherapien angeboten.

M. S. K. — Initiative Selbsthilfegruppen Multipler Sklerose Kranker e.V.

Auf der Höhe 9, **6803 Erdingen,** ☎ 06203/81894.
Die Initiative steht unter dem Motto »Mitdenken, Mitreden und Mitentscheiden« und wurde vom »Rebell der MS-Kranken«, Gerd Hoerst, als eine Art Alternativbewegung zur Deutschen Multiple Sklerose Gesellschaft ins Leben gerufen.
Man wendet sich vor allem gegen eine unkritische Hinnahme schulmedizinischer Therapien und Ursachenforschungen zur Multiplen Sklerose, z.B. den übermäßigen Einsatz von Cortison. Vielmehr sollten bestimmte naturgemäße Heilweisen auf ihre Wirksamkeit gründlicher untersucht werden.
Bei der Geschäftsstelle des Vereins werden persönliche Beratungen durchgeführt. Ein automatischer Telefondienst (täglich ab 13 Uhr) informiert über neue Forschungsergebnisse u.ä. Ein Behindertenfahrzeug kann rund um die Uhr kostenlos von Mitgliedern genutzt werden.
Um neue Wege für eine erfolgversprechende Behandlung von MS-Erkrankten zu finden, korrespondiert der Verein mit zahlreichen in- und ausländischen Forschungszentren und Gesundheitsbehörden.

Dreimal im Jahr erscheint ein ausführliches Rundschreiben an alle Mitglieder (»Blickpunkt«).

AMSEL — Aktion Multiple Sklerose Erkrankter, Paul-Lincke-Str. 8, **7000 Stuttgart 1,** ☎ 0711/692019.
Die AMSEL unterhält Regional-Beratungsstellen an vielen Orten in Baden-Württemberg.

Deutsche Multiple Sklerose Gesellschaft e.V.

Rosental 5, II. Aufgang, 4. Stock, **8000 München 2,** ☎ 089/2608058.
Multiple Sklerose (MS) ist eine Entzündung des Zentralnervensystems. Die Krankheit verläuft schubförmig oder progredient und führt zu leichten bis zu schwersten Lähmungen, Spastiken, Koordinationsstörungen, Seh- und Sprachstörungen. Es wird weltweit und intensiv geforscht, um das Rätsel Multiple Sklerose zu lösen.
Die DMSG ist ein gemeinnütziger Verein mit rund 25.000 von MS betroffenen Mitgliedern. Sie versteht sich als Selbsthilfeverband; ein großer Teil ihrer Helfer ist selbst betroffen. Im Bundesverband, in den zehn Landesverbänden und in rund 350 Orts- oder Kontaktgruppen wird versucht, den Betroffenen die Hilfestellungen zu geben, die nötig sind, um die mit dieser Krankheit auftretenden Probleme in wirtschaftlicher, rechtlicher, sozialer und psychischer Hinsicht zu meistern.
Diesen Zielen dient auch die enge Zusammenarbeit mit erfahrenen Neurologen, Psychologen, Krankengymnasten und sonstigen Fachleuten.
Landesverbände/Zweigstellen gibt es in: **1000 Berlin 12** (Knesebeckstr. 3, ☎ 030/310647); **2000 Hamburg 20** (Eppendorfer Weg 154, ☎ 040/4224433); **Schleswig-Holstein** (Beseler Allee 57, 2300 Kiel 1, ☎ 0431/560270/71); **2800 Bremen 1** (Fedelhören 49, ☎ 0421/321533); **Niedersachsen** (Engelbosteler Damm 72, 3000 Hannover 1, ☎ 0511/703338); **Nordrhein-Westfalen** (Kirchfeldstr. 149, 4000 Düsseldorf 1, ☎ 0211/312017/18); **Hessen** (Auf der Körnerwiese 5, 6000 Frankfurt/Main 1, ☎ 069/590766/67); **Rheinland-Pfalz** (Am Brand 31, 6500 Mainz 1, ☎ 06131/225646 + 225909); **Saarland** (Feldmannstr. 92, 6600 Saarbrücken 1, ☎ 0681/56200); **Baden-Württemberg** (Hoffeldstr. 215, 7000 Stuttgart 70, ☎ 0711/727211); **Bayern** (St.-Jakobs-Platz 10, 8000 München 2, ☎ 089/266091/92).

Spezialeinrichtungen (Klinik, Urlaub) für MS:

Klinik Dr. Evers, Langscheid-Sorpensee, 5768 Sundern 13, ☎ 02935/2021.
Naturheilkundliche Ernährungsbehandlung (»Evers-Diät«), unterstützt durch Lymphdrainage, Fußreflexzonenbehandlung, Atemtherapie, Kneipp-Anwendungen, Phytotherapie und Homöopathie.

Sauerlandklinik Hachen, Siepenstr. 44, 5768 Sundern, ☎ 02935/305.

Privatklinik Multiple Sklerose, Murgtalstr. 656, 7292 Baiersbronn 9, ☎ 07447/270.

Kurhaus »Hirschen«, Falkauer Str. 2-4, 7821 Feldberg 1, ☎ 07655/331.

Neurologische Klinik Dietenbronn, 7959 Schwendi, ☎ 07353/820.

Naturheilkunde

Fasten-Wander-Verein e.V., Verein zur Förderung der naturgemäßen Lebensweise und der menschlichen Selbstfindung, Pratjeweg 1, **2152 Horneburg,** ☎ 04163/2539.

Der Ende 1987 gegründete Verein will u.a. das Bewußtsein fördern, daß die »Natur heilt«. Dazu will man entsprechende praktische Vorträge, Ausstellungen, Seminare und Schriften anbieten. Ein Schwerpunkt soll auf Veranstaltungen liegen, wie z.B. Fastenkurse, Fastenwanderungen, Ernährungsseminare, Veranstaltungen mit Naturschlafzeiten. Man zielt auf bundesweite Wirksamkeit durch Einrichtung von Regional- und Ortsgruppen.

Förderkreis **alternative Medizin,** Postfach 2172, **2300 Kiel 1,** ☎ 0431/713840.

Der Förderkreis erteilt unter der aufgeführten Telefonnummer (Mo, Mi und Fr 12 bis 14 Uhr) und auf schriftliche Anfragen hin kostenlose Auskünfte über Naturheilverfahren.

Lebenskunde e.V., Heinrich-Vogeler-Weg 8, **2862 Worpswede,** ☎ 04292/1594.

Der Verein versteht sich als Förderer der natürlichen ganzheitlichen Lebensweise und bemüht sich um eine entsprechende Aufklärung der Bevölkerung. Erreicht werden sollen seine Ziele durch Seminare, Veröffentlichungen sowie die Einrichtung von Gesundheitsschulen und Fastenhäusern. Dazu sollen Lebenskundeberater (innen) ausgebildet und der Informations- und Meinungsaustausch mit Gleichgesinnten gepflegt werden.

Gesellschaft zur Förderung der **Ganzheitsmedizin** e.V., Zeißstr. 63, **3000 Hannover,** ☎ 0511/830971.

Die Gesellschaft wurde 1963 gegründet und bemüht sich um eine Grenzerweiterung der Schulmedizin in Richtung Naturheilkunde und Ganzheitsmedizin, wobei man der Verbesserung der körpereigenen Abwehrkraft Priorität einräumt.

Die Gesellschaft fördert Initiativen wie z.B. das »Münchner Modell«, wo Medizinstudenten Kurse für Erfahrungsheilkunde und Ganzheitsmedizin belegen können.

Für ernsthafte Interessenten werden Literaturlisten über Ganzheitsmedizin, Natur- und Erfahrungsheilkunde, gesunde Lebensführung und Heilkräuter zusammengestellt.

ZDN — Zentrum zur Dokumentation für Naturheilkunde e.V., Hufelandstr. 56, **4300 Essen 1,** ☎ 0201/792792 oder 745551.

Das ZDN will Mittel und Methoden bereitstellen, die zur Anwendung und Fortentwicklung natürlicher Heilverfahren unbedingt notwendig sind. Ärzte, Heilpraktiker und Patienten sollen objektiv über neueste Erkenntnisse und sich ergebende Probleme auf dem Gebiet der Naturheilkunde sowie verwandter Bereiche informiert werden.

Während die etablierte Medizin über umfassende Datenbanken verfügt, gibt es bisher nichts Vergleichbares in der Naturheilkunde. Dieses Defizit möchte man beim ZDN durch eine eigene Datenbank beseitigen.

Das ZDN stellt die gespeicherten Informationen allen Interessenten jederzeit zur Verfügung.

Zu den weiteren Zielen des Vereins gehört es, die wichtigsten gesammelten Informationen als Weißbücher zu publizieren, um über das Bewußtsein der Öffentlichkeit die Erhaltung der Naturheilverfahren und verwandter Gebiete zu sichern.

Natur und Medizin

Fördergemeinschaft für Erfahrungsheilkunde e.V., Am Michaelshof 6, **5300 Bonn 2**, ☎ 0228/352503 + 356888.

Die Fördergemeinschaft wurde im Juni 1983 auf Initiative von Frau Dr. med. Veronica Carstens gegründet, mit dem Ziel, Hochschulmedizin und Naturheilkunde partnerschaftlich zu vereinen. Um dies zu erreichen, muß der wissenschaftliche Wirksamkeitsnachweis biologischer Heilverfahren erbracht werden. Die Fördergemeinschaft hat es sich zur Aufgabe gemacht, entsprechende Forschungsvorhaben auf verschiedenen Gebieten der Naturheilkunde anzuregen und zu finanzieren. Sie erfüllt damit den Wunsch einer wachsenden Zahl von Ärzten und Patienten nach sanften, nebenwirkungsarmen Heilverfahren, wie sie die Natur bietet. Der Wunsch entspringt der Erkenntnis, daß unsere Medizin (besonders bei der Behandlung der großen chronischen Krankheiten wie Krebs, Herz- und Kreislaufleiden, Rheuma, Neurodermitis, Multipler Sklerose und einer Vielzahl von Allergien) an Grenzen gelangt ist. NATUR und MEDIZIN versteht sich als eine Gemeinschaftsinitiative, an der sich jeder durch Mitgliedschaft oder Spende beteiligen und mithelfen kann, die Erfahrungsheilkunde als Zweig der Gesamtmedizin allen Medizinstudenten und damit allen Patienten zugänglich zu machen.

Deutsche **Volksgesundheitsbewegung** (DVB), Am Wiesenhäuschen 2, **5060 Bergisch Gladbach**, ☎ 02204/65247.

Die DVB wurde 1947 gegründet und hat sich als Verbraucherorganisation die Aufgabe gestellt, zur Verbesserung der Volksgesundheit beizutragen. Hierzu bemüht man sich, die naturgemäßen Lebens- und Heilweisen zu unterstützen und das Zusammenwirken der Verbände für naturgemäße Heilweise zu fördern. Diese Ziele sollen auch durch Einwirkung auf die Gesetzgebung und öffentliche Verwaltung verwirklicht werden.

Darüber hinaus gilt es, den Besitzstand der Naturheilkunde zu wahren und die Therapie- und Verordnungsfreiheit zu erhalten.

Die DVB ist parteipolitisch und konfessionell neutral. Besondere Ausschüsse des Vereins bemühen sich um die aktuellen Themen Therapie- und Verordnungsfreiheit, Ernährungsfragen, Impffragen sowie Patientenschutz.

Interessenten erhalten auf Anfrage einen Vereinsprospekt, eine Satzung sowie ein Probeexemplar der »DVB«-Nachrichten.

Interessengemeinschaft Natur e.V., Postfach 1342, **5062 Hoffnungsthal**.

Die Interessengemeinschaft verspricht allen chronisch Kranken, die konsequent den aufgezeigten Ausweg zu gehen bereit sind, eine Gesundung aus eigener Kraft. Sie versendet dazu an ihre Mitglieder kostenlos das 450 Seiten starke Buch »So heilst du dich von Krebs, AIDS, Rheuma und anderen chronischen Leiden und Suchtkrankheiten durch URMEDIZIN!« (auch gegen Voreinsendung von DM 58,- zu beziehen).

Diese »Urmedizin« ist nicht käuflich. Sie muß täglich vom Kranken frisch zubereitet werden; ihre Einnahme ist bitter und kostet den Betroffenen viel Härte gegen sich selbst.

Dafür winkt nach den Erfahrungen der Interessengemeinschaft ein absolut sicherer Erfolg, und dies ohne alle schädigenden Nebenwirkungen.
Der Verein ist gemeinnützig und erhebt nur geringe Mitgliedsbeiträge (im ersten Jahr DM 4,- pro Monat, danach DM 1,-).

Äskulap-Gesellschaft Arzt und Patient für Ganzheitsmedizin e.V.
Salinenstr. 14, **6927 Bad Rappenau,** ☎ 07264/840.
Diese soeben ins Leben gerufene Gesellschaft setzt sich zum Ziel, das verlorengegangene ganzheitliche Bild vom Menschen und seinen Krankheiten wieder zur Gesamtschau zusammenzufügen.
Einseitiges Spezialistentum muß dabei ebenso überwunden werden wie die unversöhnliche Frontstellung von naturwissenschaftlicher Medizin und Erfahrungsheilkunde. Um letzteres zu erreichen, sollte unter anderem die Naturmedizin auf vielen Sektoren noch gründlicher wissenschaftlich fundiert werden. Andererseits muß die herkömmliche Medizin aus der Sackgasse eines symptomatisch ausgerichteten Krankheitsverständnisses herausgeführt werden.
Daraus folgt notwendig die Forderung nach neuen, auf die Krankheitsursachen ausgerichteten Perspektiven für eine »Heil«-Kunst der Zukunft, die diesen Namen wirklich verdient.
Ein solcher Prozeß erfordert natürlich auch einen »mündigen Patienten«, der sich nicht ohnmächtig einer etablierten Diagnose- und Therapiemaschinerie unterwirft, sondern auf der Grundlage umfassender Information über die eingesetzten Behandlungsweisen mitentscheidet.
Bei der »Äskulap-Gesellschaft« beabsichtigt man, die angestreben Ziele durch Beratungstätigkeit, neue Forschungsinitiativen und geeignete Veröffentlichungen zu fördern, wobei es besonders darauf ankommen wird, über die Medien möglichst viele Menschen zu erreichen und für die Ganzheitsmedizin zu gewinnen.

Deutscher Naturheilbund
(Prießnitz-Bund) e.V., Ludwigsburger Str. 8 + 14, **7143 Vaihingen/Enz-Riet,** ☎ 07042/77334.
Der Deutsche Naturheilbund ist der älteste Zusammenschluß deutscher Naturheilvereine. Er bemüht sich darum, die naturgemäßen Lebens- und Heilweisen zu verbreiten und praktisch zu fördern.
Richtig verstanden, ist naturgemäßes Leben und Heilen die einzige Gesundheitsvorsorge, die uneingeschränkt so bezeichnet werden darf.
Es bestehen bereits viele örtliche Naturheilvereine. Regelmäßig werden Rundschreiben mit Informationen über aktuelle Themen verschickt sowie Abend- und Wochenendveranstaltungen organisiert. Vereinsorgan ist die Zeitschrift »Der Naturarzt«.

Verein für **erweitertes Heilwesen** e.V., Johannes-Kepler-Str. 58, **7263 Bad Liebenzell/Ul.,** ☎ 07052/567.
Der Verein wurde 1953 von Ärzten, Patienten und Interessenten als eine gemeinnützige Organisation gegründet. Er versteht sich als sozial-hygienische Laienbewegung mit volkspädagogischen Aufgaben besonders auf dem Felde des Gesundheitswesen.
Ziel des Vereins ist es, eine natur- und menschengemäße Medizin und deren Heilmethoden zu fördern, voran die *an-*

throposophisch orientierte Heilkunst. Er bemüht sich darum, die praktischen Methoden einer zeitgemäßen seelischen Hygiene zu erforschen und durch Vorträge, Schriftenreihen und Kurse zu verbreiten. Er fördert die künstlerische Therapie, die Heileurythmie sowie die bereits bestehenden Institute, Forschungsgesellschaften und Ausbildungsstätten und bereitet den Boden für weitere Pflegestätten dieser Heilweise (Kliniken, Sanatorien, Therapeutika u.a.).

Arbeitsgruppen oder Patienteninitiativen des Vereins bestehen an 26 Orten in der BRD (Adressen bitte bei Interesse beim Verein erfragen).

Aktion **Gesundheit und Umwelt** (AGU) e.V., Friedenstr. 101, **7530 Pforzheim,** ☎ 07231/27991.

Die AGU wurde 1975 als Patientenbewegung der Hufelandgesellschaft gegründet (siehe weiter unten). Sie ist eine gemeinnützige Vereinigung unabhängiger Bürger, die es sich zur Aufgabe macht, für die Förderung der Volksgesundheit und des Umwelt- und Lebensschutzes einzutreten. Man setzt sich ein für eine freiheitlich-sozialgerechte Ordnung im Sinne der Lebensbedürfnisse des Menschen auf rechtlichem, politischem, kulturellem und wirtschaftlichem Gebiet. Sie stützt sich damit auf die Grundrechte unserer Verfassung. Im Bereich des Gesundheitswesens tritt sie ein für die Erhaltung der Vielfalt der therapeutischen Verfahren, insbesondere der biologischen Behandlungsmethoden, für Therapiefreiheit und freie Wahl der Heilmethoden durch den Patienten.

Der Verein gibt alle zwei Monate die Zeitschrift »Natur, Umwelt und Medizin« heraus (Jahresabo DM 34,-, Probehefte auf Anforderung).

Hufelandgesellschaft für Gesamtmedizin e.V., Friedenstr. 101, **7530 Pforzheim,** ☎ 07231/27991.

Dachverband der Ärztegesellschaften für biologische Medizin. Ziele: Durchsetzung der Therapiefreiheit, Förderung biologischer Heilweisen, Koordination und Erfahrungsaustausch innerhalb der Erfahrungsmedizin, allgemeine Gesundheitsaufklärung, biologische Aus- und Weiterbildung für Mediziner.

Internationale Gesellschaft für **Biologische Medizin** e.V., Postfach 115, **7570 Baden-Baden,** ☎ 07221/50102.

Freundeskreis der Kranken, Günter Lehnert, Postfach 1263, **7800 Freiburg.**

Gesellschaft für Naturheilkunde Deutschland e.V. (GfN), Postfach 402027, **8000 München 40,** ☎ 089/3086626.

Die GfN hat es sich zur Aufgabe gemacht, Tradition, Pflege und Fortführung von Naturheilverfahren in Diagnostik und Therapie zu betreiben. Sie will allen engagierten Menschen, die sich um die eigene Gesundheit und die Gesundheit anderer bemühen, das Kennenlernen dieser naturheilkundlichen Verfahren ermöglichen und das damit verbundene Wissen verbreiten. Studienmaterial der GfN sind: 1. Ein Infodienst »Überleben« (1987: zur Homöopathie); 2. Taschenbücher (u.a. AIDS, Zucker); 3. Videos (Zuckerfilm, Philippinische Heiler, Pflanzenheilkunde & Homöopathie, Homotoxikologie, Vollkorn); 4. Tiefenentspannungskassetten.

Gegen Einsendung eines selbstadressierten Freikuverts werden gerne weiter Informationen und Auskünfte über Seminare weitergegeben.

Mitglieder der GfN erhalten kostenlos

den Infodienst »Überleben«, in dem über die Arbeit der Gesellschaft berichtet wird. Jede Ausgabe enthält zudem einen umfangreichen Report über ein bestimmtes Thema. Außerdem haben Mitglieder die Möglichkeit, die Videofilme per Fernleihe zu beziehen.

Kneipp-Bund e.V.

Postfach 600464, **8000 München 60**, ☎ 089/887626 + 885218.

Der Kneipp-Bund ist die größte und erfolgreichste deutsche Gesundheitsorganisation. Er vereint in 550 Ortsvereinen (Anschriften eines Vereines in Ihrer Nähe erhalten Sie unter der o.a. Adresse) mehr als 130.000 Mitglieder. Er ist gemeinnützig, förderungswürdig, überparteilich und konfessionell nicht gebunden. Beim Kneipp-Bund und seinen Ortsvereinen beschränkt man sich nicht darauf, die Mitglieder und deren Angehörige gesundheitlich zu bilden, sie theoretisch und praktisch zu unterweisen, sondern man benutzt die Ortsvereine auch als Basis für eine breite Aufklärungsarbeit in der Öffentlichkeit. In etwa 4000 Einzelveranstaltungen, ärztlichen Vorträgen und praktischen Kursen, mit 20 überregionalen Veranstaltungen zu aktuellen Problemen und mit mehr als 30 Gesundheitswochen, unterstützt von Kongressen und Seminaren, werden im Jahr etwa 5 Millionen Menschen angesprochen.

Die Arbeit des Kneipp-Vereins steht unter dem Motto: »Unser Ziel — gesunde Menschen«; und dieses Ziel ist nur dann zu erreichen, wenn wir alle wieder so naturgemäß wie dies nur immer möglich ist zu leben lernen, was erfahrungsmäß am besten in Gemeinschaft von Gleichgesinnten geht.

Salem Bio-Akademie e.V., Salem-Siedlung, **8652 Stadtsteinach**, ☎ 09225/751.

Im Hinblick auf die rasant zunehmende Umweltvergiftung (auch im »moralisch-religiösen Sinne«) und die daraus folgende ebenso rasant zunehmende Gesundheitsschädigung, erachtet man es bei der Bio-Akademie für notwendig, u.a. durch Fortbildungstagungen gründliche Informationen zu erarbeiten, wie man den zerstörerischen Einflüssen der Gegenwart entgegentreten kann.

Sebastian-Kneipp-Akademie (SKA) für Gesundheitsbildung, Postfach 1452, **8939 Bad Wörishofen**, ☎ 08247/5024.

Ziel und Aufgabe der SKA ist die Ausbildung von Fachkräften, welche die Vereinsarbeit (siehe »Kneipp-Bund«) aktiv mitgestalten. Darüber hinaus sollen gesundheitspädagogisch tätigen Personen praxisorientierte und vertiefte Kenntnisse im humanbiologischen, psychologischen und pädagogischen Bereich vermittelt werden (aktive Gesundheits- und Krankenpflege, Kneippsche Anwendungen, zeitgemäße Ernährung, Gymnastik, Atemschulung u.a.).

Verein zur Förderung **naturheilkundlicher Heilweisen** e.V., c/o Rolf Stauder, Kaiser-Max-Str. 13, **8950 Kaufbeuren**, ☎ 08341/2416.

TIP:

Wertvolle Nachschlagewerke für alle naturheilkundlich interessierten und gesundheitsbewußten Menschen sind die beiden Patientenratgeber:

Naturärzte-Wegweiser. ABC der Naturheilweisen (128 Seiten, DM 12,80). Das Buch enthält u.a. die Anschriften von mehr als 2.500 Ganzheitsmedizinern.

Biologische Klinikbehandlung & Kur (96 Seiten, DM 12,-). Hier werden u.a. etwa 100 Ganzheitskliniken und Kurheime vorgestellt, die biologische Heilweisen praktizieren und vitalstoffreiche Vollwertkost anbieten.
Erhältlich sind die beiden Werke direkt beim Verlag: VGG, Postfach 1116, 7254 Hemmingen.

Organspende

Arbeitskreis Organspende
Postfach 462, **6078 Neu-Isenburg,** ☎ 06102/3590.
Tausende von Menschen warten in der BRD auf ein Spenderorgan, da sie aufgrund einer chronischen Erkrankung nur durch eine Organtransplantation gesunden oder überhaupt weiterleben können.
Der »Arbeitskreis Organspende« hat sich die Förderung der Organspendebereitschaft in der Bevölkerung zur Aufgabe gestellt. Ihm gehören 22 Organisationen und Verbände an. Das Kuratorium für Heimdialyse e.V. ist federführendes Mitglied und gleichzeitig die zentrale Auskunftstelle für Anfragen zu diesem Themenbereich.
Rund 20 Publikationen, Ausstellungswände und Filme stehen für die Verbreitung des Organspendegedankens kostenlos sowohl für den Laien als auch für medizinische Fachleute zur Verfügung. Presse, Rundfunk und Fernsehen erhalten Informationen für Ihre Berichterstattung.

Patientenschutz

Verbraucher-Zentrale Hamburg e.V., **Patientenberatung**, Große Bleichen 23, **2000 Hamburg 36,** ☎ 040/35001486.

Allgemeiner Patienten-Verband (APV)
Postfach 1126, **3550 Marburg 1,** ☎ 06421/64735.
Bis heute steht der einzelne Patient im Falle von Medizinschäden einer »Front« aus bestens organisierten ärztlichen Standesorganisationen, milliardenschweren Pharmakonzernen, schlagkräftigen Krankenhausverbänden und versierten Haftpflichtversicherungen gegenüber. Diese Übermacht der Autoritäten verhindet, daß Schädigungen aufgedeckt und geahndet werden. Angesichts der Hilflosigkeit des einzelnen haben sich Patienten seit 1976 im APV zusammengeschlossen. Die besondere Fürsorge des Verbandes gilt denjenigen Mitgliedern, die Opfer eines Medizinschadens geworden sind, denn solche Schäden haben nicht selten existenzbedrohende Folgen (Arbeitslosigkeit, Gebrechlichkeit, Pflegebedürftigkeit).
Um im Falle eines Medizinschadens zu seinem Recht zu kommen, ist es besonders wichtig (und besonders schwer), objektive Gutachten über die Behandlungsfehler zu erhalten; der APV kann hier Sachverständige vermitteln. Außerdem arbeitet man mit den wenigen spezialisierten Patientenanwälten zusammen, die es in der BRD gibt.
Der Verband informiert seine Mitglieder durch das »Patienten-Jahrbuch« über Möglichkeiten zum Schutz und zur Wahrung der Gesundheit, über die Rechte im

Krankheitsfall sowie aktuelle Rechtsänderungen.
Wird ein Mitglied Opfer eines Medizinschadens, übernimmt der Verband die Durchsetzung berechtigter Ansprüche und sämtliche damit verbundenen Kosten — erforderlichenfalls bis zur letzten Instanz (für zurückliegende Schadensfälle gilt augenblicklich eine Kulanzregelung).

Arbeitskreis **Kunstfehler in der Geburtshilfe** (AKG), Bremer Str. 19, **4600 Dortmund 1,** ☎ 0231/525872 + 574846.
Der AKG ist eine Elternselbsthilfevereinigung an der Nahtstelle von Behindertenarbeit und Patientenschutz. 1982 gegründet, hat der Arbeitskreis inzwischen rund 1.100 Mitglieder. Sie kommen aus dem gesamten Bundesgebiet: Eltern geburtsgeschädigter Kinder, bei der Entbindung geschädigte Frauen, Angehörige und Hinterbliebene von Kindern und Frauen, die an den Folgen der Verletzungen gestorben sind. Unter den Mitgliedern sind auch Hebammen, Ärzte, Sozialarbeiter, Juristen und Therapeuten.
Beim AKG hat man es sich zur Aufgabe gemacht, den Betroffenen die Möglichkeit zu gegenseitiger Beratung und Unterstützung zu geben, wenn eine Behinderung auf ärztliche oder Krankenhausschuld zurückgeführt wird; aus den Erfahrungen und Erkenntnissen der Betroffenen Kritik an der Geburtshilfe zu formulieren und sich dafür einzusetzen, daß die Rechte der werdenden Eltern und des Kindes geachtet werden; den Betroffenen bei der Bewältigung des Alltags mit einem behinderten Kind bzw. bei eigener Behinderung zu helfen.
Zur Mitgliederinformation werden regelmäßige Rundbriefe versandt.

Unabhängiger **Patientenverband Zur Wahrung der Bürgerrechte** e.V., Christianstr. 11, **5024 Pulheim,** ☎ 02238/81439 (nach 20 Uhr).
Der Patient fühlt sich heute im Gesundheitswesen oft übergangen. Seine Gesundheit und seine Krankheit sind Gegenstand einer unübersichtlichen Verwaltungsbürokratie geworden. Hierbei geraten die Grundrechte, insbesondere das Persönlichkeitsrecht des Bürgers leicht aus dem Blickfeld, was beispielsweise auch den Anspruch des Patienten auf eine Behandlung nach allen Regeln ärztlicher Kunst beinhaltet.
Zweck des im Frühjahr 1988 gegründeten Verbandes ist es, Tendenzen zur Entmündigung des Patienten entgegenzuwirken. Dies geschieht durch Information der Mitglieder über wichtige Fakten und Veränderungen in allen Bereichen des Gesundheitswesens sowie durch Aufklärung über Mitwirkungsmöglichkeiten bei Problemen, welche die Gesundheitsvorsorge und -versorgung betreffen.

Deutscher Patienten-Schutzbund e.V. (DPS)

Adenauerallee 94, **5300 Bonn 1,** ☎ 0228/218801.
Neben der Öffentlichkeitsarbeit (ständige gesundheitspolitische und medizinische Unterrichtung der Öffentlichkeit) gehört die Wahrnehmung der Interessen von Patienten im Einzelfall zu den wichtigsten Aufgabenfelder des DPS. So vermittelt man bei allgemeinen Patientenbeschwerden über Konfliktfälle im Verhältnis zwischen Patient und Arzt. Man hilft bei Beschwerden über *ärztliche Kunstfehler* durch Einschaltung bei der Beschaffung der Krankenunterlagen und bei der Be-

nennung von fach- und sachkundigen Medizinern und Rechtsanwälten. Man berät bei der Feststellung und Abstellung von Mängeln im Zusammenhang mit der *Unterbringung, Verpflegung und Behandlung durch Pflegepersonal* in Krankenhäusern.

Viermal im Jahr erscheint eine Mitgliederzeitschrift u.a. mit neuesten relevanten Gerichtsurteilen. Außerdem fördert man die Bildung örtlicher DPS-Kontaktkreise für einen gegenseitigen Erfahrungsaustausch zwischen DPS-Mitgliedern.

Beschwerden, die Konflikte mit Krankenkassen, Versicherungen, Berufsgenossenschaften u.ä. betreffen, können vom DPS nicht bearbeitet werden (siehe hierzu die folgende Anschrift).

Verein der **Versicherungsgeschädigten** e.V. (VDV), Interessengemeinschaft gegen Versicherungswillkür bei Gesundheitsschäden, Burbankstr. 32, **5300 Bonn 3,** ☎ 0228/484919.

Der VDV ist eine gemeinnützige Organisation, deren Tätigkeit ausschließlich durch die Beiträge seiner Mitglieder finanziert wird. Man hat sich zum Ziel gesetzt, Mißstände, Unzulänglichkeiten und rechtswidrige Regeln in unserem privaten und gesetzlichen Versicherungswesen zu beseitigen.

Während alle Versicherer durch einflußreiche und schlagkräftige Verbände vertreten werden, gab es bisher keine Organisation für gesundheitsgeschädigte Versicherungsnehmer. Dies führte dazu, daß der Betroffene (insbesondere bei Differenzen über seine gerechtfertigten Ansprüche) übermächtigen Organisationen gegenüberstand, gegen die er als einzelner schwerlich etwas auszurichten vermochte. Aus dieser Unterlegenheit heraus konstituierten sich geschädigte und interessierte Versicherungsnehmer mit qualifizierten Juristen und Medizinern zum »Verein der Versicherungsgeschädigten«. Der VDV kann nur für seine Mitglieder (außergerichtlich) tätigwerden.

Allgemeine Deutsche **Patientenorganisation** (ADPO), Hausener Weg 61, **6000 Frankfurt/Main 90,** ☎ 069/787810.

Institut für Medizinschaden-Begutachtung, Dr. jur. Giese, Haaggasse 26, **7400 Tübingen 1,** ☎ 07071/22900.

Erleidet ein Patient einen Medizinschaden und fordert er Schadensersatz, so sieht er sich vor vielfältigen Schwierigkeiten. Der Arzt und sein Haftpflichtversicherer lehnen die Schadensregulierung zunächst grundsätzlich ab und verweisen auf die Gutachterkommission bei den Landesärztekammern. Wendet sich der Patient an diese Einrichtungen, so wird sein Medizinschaden im Rahmen einer ärztlichen »Selbstjustiz« nach Maßstäben beurteilt, die das deutsche Arzthaftpflichtrecht ausblenden.

Der geschädigte Patient benötigt also eine wissenschaftliche Dienstleistung, um den Haftungsgrund für den eingetretenen Medizinschaden zu beurteilen.

Das Tübinger Institut verfügt in diesem Zusammenhang über 3.000 deutsche Arzthaftpflichturteile (400 Entscheidungen des Bundesgerichtshofes, 1.000 Entscheidungen von Oberlandesgerichten sowie 1.600 Landgerichtsurteile). Daraus ergeben sich die Maßstäbe für die Medizinschaden-Beurteilung. Sachverständige Privatgutachten des Tübinger Institutes kosten zwischen DM 1.000,- und DM 1.500,-. Vor Gutachtenerstattung wird der Patient zur Sprechstunde bestellt. In 8

Jahren sind im Institut 2.700 Gutachten erstellt worden.

Kommission für **Verstöße der Psychiatrie gegen Menschenrechte** e.V., Beichstr. 12, **8000 München 40,** ☎ 089/337929.
Die Kommission wurde Ende 1972 in München gegründet und wird von der Scientology Kirche unterstützt. Sie hat sich zum Ziel gesetzt, die Menschenrechte gegen Mißbräuche durch die Psychiatrie und verwandter Gebiete zu sichern. Sie strebt dabei die Aufklärung von Gesetzgebern, Behörden und der Öffentlichkeit über schädliche Auswirkungen psychiatrischer Methoden an, ebenso einen Schutz von betroffenen Patienten und der Allgemeinheit durch Aufklärung und Reform.
Konkret verlangt die Kommission die Unterbindung inhumaner Behandlungsmethoden wie Elektroschock, Psychochirurgie, Insulinkuren oder stark schädigende Psychopharmaka. Desweiteren wird gefordert, ethische Kodizes in all jenen Bereichen der Medizin einzuführen, wo die betreffenden Berufsgruppen zum Teil ihre Macht, Autorität oder Vertrauenspositionen dazu mißbrauchen, andere zu versklaven oder deren Freiheit in irgendeiner Weise zu beeinträchtigen.
Schließlich ist die Kommission Kontaktstelle für all diejenigen, die Mißhandlungen oder Verstöße erfahren oder beobachtet haben.

Ärztliche Gutachter- und Schlichtungsstellen zur Begutachtung von Behandlungsfehlern:

Schlichtungsstelle für Arzthaftpflichtfragen der Norddeutschen Ärztekammern, Berliner Allee 20, **3000 Hannover 1,** ☎ 0511/34901.
(Zuständig für **Berlin, Hamburg, Schleswig-Holstein, Niedersachsen**).

Gutachterkommission für ärztliche Behandlungsfehler in der Ärztekammer Nordrhein, Tersteegenstr. 31, **4000 Düsseldorf,** ☎ 0211/4302214.

Gutachterkommission für ärztliche Haftpflichtfragen, Kaiser-Wilhelm-Ring 4-6, **4400 Münster,** ☎ 0251/37500.

Gutachter- und Schlichtungsstelle in der Landesärztekammer, Broßstr. 6, **6000 Frankfurt/Main 90,** ☎ 069/79480.
(Zuständig für **Hessen** und **Rheinland-Pfalz**).

Gutachter- und Schlichtungsstelle für das **Saarland**, Faktoreistr. 4, **6600 Saarbrükken,** ☎ 0681/40031.

Gutachterstelle für Fragen ärztlicher Haftpflicht in **Baden-Württemberg**, Jahnstr. 40, **7000 Stuttgart 70,** ☎ 0711/765024.

Schlichtungsstelle des Freistaates **Bayern**, Mühlbauerstr. 16, **8000 München 80,** ☎ 089/41471.

Pharmazie und Apotheken

Verband deutscher **Drogisten**, Friedrich-Schmidt-Str. 53, **5000 Köln 41**.

Bundesapothekenkammer
Postfach 970108, **6000 Frankfurt/Main 97,** ☎ 069/7544-1.
Landesapothekenkammern:
1000 Berlin 12 (Carmerstr. 3, ☎ 030/3135091); **2000 Hamburg 13** (Alte Ra-

benstr. 11, ☎ 040/4140010); **Schleswig-Holstein** (Düsternbrooker Weg 75, 2300 Kiel, ☎ 0431/561073); **2800 Bremen** (Bgm.-Smidt-Str. 16, ☎ 0421/170917); **Niedersachsen** (Postfach 460, 3000 Hannover 1, ☎ 0511/628034); **Nordrhein** (Poststr. 4, 4000 Düsseldorf, ☎ 0211/80831); **Westfalen** (Bismarckallee 25, 4400 Münster, ☎ 0251/40471); **Hessen** (Am Leonhardsbrunn 5, 6000 Frankfurt/Main, ☎ 069/794007-0); **Rheinland-Pfalz** (Am Gautor 15, 6500 Mainz, ☎ 06131/226725); **Saarland** (Zähringerstr. 5, 6600 Saarbrücken, ☎ 0681/55583); **Baden-Württemberg** (Postfach 578, 7000 Stuttgart 1, ☎ 0711/638237); **Bayern** (Maria-Theresia-Str. 28, 8000 München 80, ☎ 089/9262-1).

Bundesverband der **Pharmazeutischen Industrie** e.V., Karlstr. 21, **6000 Frankfurt/Main**, ☎ 069/25560.

Prostataleiden

Interessengruppe für **Prostata-Operierte**, Reichssportfeldstr. 16/1024, **1000 Berlin 19**, ☎ 030/3044945.

Arbeitskreis **Prostata-Forschung**, Postfach 112061, **6000 Frankfurt/Main 1**.

Rauchen

Ärztlicher Arbeitskreis **Rauchen und Gesundheit**, Maybachstr. 14-16, **6800 Mannheim 1**, ☎ 0621/231144.
Gegen 2,- DM Rückporto erhalten Sie vom Arbeitskreis umfassende Informationen über Probleme des Aktiv- und Passivrauchens sowie verschiedene Aufkleber. Außerdem wird Rechtsberatung und Rechtshilfe in allen mit dem Rauchen in Zusammenhang stehenden Fragen angeboten, insbesondere in Sachen Nichtraucherschutz.

Bundesverband der Nichtraucher-Initiativen Deutschland (BNID)
Carl-von-Linde-Str. 11, **8044 Unterschleißheim**, ☎ 089/3171212.
Der BNID ist ein Zusammenschluß lokal oder regional wirkender Nichtraucher-Initiativen mit dem Ziel, die Wirksamkeit aller Vereinigungen durch geeignete Maßnahmen zu erhöhen. Er fördert deshalb den Informations- und Erfahrungsaustausch, koordiniert bundesweite Aktionen und vertritt die einzelnen Initiativen gegenüber der Öffentlichkeit.
Alle Bemühungen des BNID sind auf einen wirksamen Nichtraucherschutz gerichtet. Er arbeitet deshalb mit allen Organisationen zusammen, die die gleiche Zielrichtung verfolgen.
Gegen 2,- DM Rückporto können Interessenten ein Info-Set anfordern, das neben der Broschüre »Ratgeber für Nichtraucher« und einem Gastronomieverzeichnis (Adressen von Gaststätten, Cafes, Hotels usw. mit rauchfreien Räumlichkeiten) viele Aufkleber enthält.
Informationen sind auch erhältlich bei:
Nichtraucherbund Berlin e.V., Kurpromenade 50, **1000 Berlin 22**, ☎ 030/3651117.
Aktionskreis Stuttgarter **Nichtraucher** e.V., Große Falterstr. 31, **7000 Stuttgart 70**, ☎ 0711/760267.

TIP:

Dr. Erhard Busch, Gartenstr. 17, 8980 Oberstdorf verschickt gegen Erstattung der Selbstkosten Postkarten, Poster, satirische Werbeverfremdungen gängiger Zigarettenmarken sowie Abbildungen der Raucherwirklichkeit (Angebot auf Anfrage).

Rehabilitation

Hamburger **Stiftung Rehabilitation und Integration**, Hamburger Str. 47, **2000 Hamburg 76,** ☎ 040/29188-1.

Verein für Medizinische **Frührehabilitation**, Postfach 1260, **4505 Bad Iburg,** ☎ 05403/866.

Bundesarbeitsgemeinschaft der **medizinisch-beruflichen Rehabilitationseinrichtungen**, Waldstr. 2-10, **5300 Bonn 2,** ☎ 0228/381206.

Johanniter-Unfall-Hilfe e.V., Sträßchenweg 14, **5300 Bonn 1,** ☎ 0228/540040.

Kuratorium für **Unfallverletzte mit Schäden des Zentralen Nervensystems** e.V., Humboldtstr. 30, **5300 Bonn,** ☎ 0228/631153.

Kuratorium Rettungsfonds für **Aktive Unfallhilfe** e.V., Postfach 120470, **5300 Bonn,** ☎ 0228/313101.

Bundesarbeitsgemeinschaft für Rehabilitation
Eysseneckstr. 55, **6000 Frankfurt/Main 1,** ☎ 069/15220.

Die BAR ist der freiwillige Zusammenschluß der Spitzenverbände der gesetzlichen Krankenversicherung, Unfallversicherung, Rentenversicherung, Kriegsopferfürsorge und Sozialhilfe, der Bundesanstalt für Arbeit, der Bundesländer, der Spitzenverbände der Sozialpartner sowie der Kassenärztlichen Bundesvereinigung. Sie fördert eine umfassende Information über die Möglichkeiten zur Rehabilitation, berät die Mitglieder und sucht die Maßnahmen der einzelnen Rehabilitationsträger zu koordinieren.

Deutsche Vereinigung für die **Rehabilitation Behinderter** e.V., Friedrich-Ebert-Anlage 9, **6900 Heidelberg 1,** ☎ 06221/25485.

Stiftung Rehabilitation, Postfach 101409, **6900 Heidelberg 1,** ☎ 06221/880.

Rheuma

Rund 10 Millionen Menschen leiden bei uns an Rheumatismus. Etwa ein Drittel der Kranken muß intensiv ärztlich betreut werden. Somit gehören diese Schmerzleiden (denn es handelt sich nicht um ein einheitliches Krankheitsbild) des Bewegungsapparates zu den am weitesten verbreiteten Zivilisationserkrankungen.
Die Medizin wartet immer noch auf den »Durchbruch« zu einer nachhaltig erfolgreichen Behandlung. Viele Rheumamittel mußten wegen gefährlicher Nebenwirkungen verboten werden (u.a. die Substanz Phenylbutazon).
Postitive Entwicklungen sind jedoch auf dem Gebiet der Patienten-Selbsthilfe zu beobachten, was sich in der Gründung vieler neuer Gruppen dokumentiert, wobei Therapie und Erfahrungsaustausch über den Umgang mit der Krankheit verknüpft werden.

Deutsche Rheuma-Liga Bundesverband e.V.
Rheinallee 69, **5300 Bonn 2**, ☎ 0228/355425.
Die Deutsche Rheuma-Liga ist eine Hilfs- und Selbsthilfeorganisation mit über 470 örtlichen Arbeitsgemeinschaften und Beratungsstellen.
Ende 1987 hatte die Rheuma-Liga 77.000 Mitglieder. Die örtliche Arbeitsgemeinschaft (Anschrift erfahren Sie unter o.a. Adresse) ist die Anlaufstelle für die in ihrem Umkreis wohnenden Mitglieder und Nichtmitglieder, in der sachkundige Mitarbeiter den ratsuchenden Rheumakranken zur Beantwortung von Fragen und zur Lösung von Problemen im sozialen Bereich zur Verfügung stehen. Die Aufgaben der AG bestehen darin, die Rheumakranken individuell über alle mit der Krankheit zusammenhängenden nichtmedizinischen Fragen zu informieren, bei Fragen der beruflichen und sozialen Eingliederung zu helfen, über Möglichkeiten der Vorbeugung aufzuklären, Nachbarschafts- und Familienhilfe sowie technische Hilfsmittel zu vermitteln, auf geeignete Sportarten hinzuweisen und vor allem die Eigeninitiative des Kranken zu aktivieren.
Darüber hinaus finden auf örtlicher Ebene Informationsveranstaltungen statt sowie Warmwasserschwimmen, Krankengymnastik in der Gruppe, therapeutisches Werken und Basteln, gesellige Treffen, Ausflüge und Besichtigungen, die dazu beitragen, den chronisch Kranken aus seiner Isolierung zu lösen.
Landesverbände gibt es in **1000 Berlin 39** (Am Kleinen Wannsee 5, ☎ 030/8007213), **2000 Hamburg 76** (Friedrichsberger Str. 60, Hs. 11, ☎ 040/2005170), **Schleswig-Holstein** (Flämische Str. 6-10, 2300 Kiel 1, ☎ 0431/95677), **2800 Bremen 1** (Bürgermeister-Smidt-Str. 95, ☎ 0421/1761429), **Niedersachsen** (Stammestr. 34, 3000 Hannover 91, ☎ 0511/231133), **Nordrhein-Westfalen** (Haroldstr. 18, 4000 Düsseldorf 1, ☎ 0211/38012346), **Hessen** (Rheumaklinik 2, Leibnizstr. 23, 6200 Wiesbaden, ☎ 06121/5751001), **Rheinland-Pfalz** (Kurhausstr. 5, 6550 Bad Kreuznach, ☎ 0671/35380), **Saar** (Schmollerstr. 2b, 6600 Saarbrücken 3, ☎ 0681/33271), **Baden-Württemberg** (Kaiserstr. 16, 7520 Bruchsal, ☎ 07251/103039), **Bayern** (St. Paul-Str. 9/III, 8000 München 2, ☎ 089/530389).

Eltern rheumakranker Kinder und jugendliche Rheumakranke bilden eigene Gruppen und Kreise in denen sie ihre Erfahrungen austauschen und Informationen vermitteln.

Deutsche Gesellschaft für **Rheumatologie** e.V., Kleine Windmühlenstr. 2 a, **6500 Mainz.**
Die Gesellschaft repräsentiert als Ärzteorganisation die wissenschaftliche deutsche Rheumatologie.

Arthroseforschungszentrum, Gemeinnützige Gesellschaft mbH, Hospitalstr. 5, **6634 Wallerfangen**, ☎ 06831/6323.

Internationaler **Rheuma-Hilfsbund**, Zeppelinstr. 9, **7835 Nimburg**, ☎ 07683/6709.

Rheuma-Hilfswerk Deutschland e.V., Badstr. 46, **7847 Badenweiler**, ☎ 07632/7540.
Rheuma in allen seinen Formen ist das meistverbreitete und kostspieligste Leiden, das immer häufiger zu Arbeitsunfähigkeit und vorzeitigem Ausscheiden aus dem Arbeitsleben führt. Vielfältig wie die

Arten der rheumatischen Erkrankungen sind auch deren Ursachen. Deshalb gilt Rheuma in der Medizin als eine Erkrankung mit meist nicht feststellbaren Auslösern.
Nach den Erkenntnissen der Naturheilkunde ist jedoch in erster Linie die Lebens- und Ernährungsweise des Menschen dafür ausschlaggebend, ob er von einer rheumatischen Erkrankung betroffen wird oder nicht.
Die Öffentlichkeitsarbeit des Rheuma-Hilfswerks konzentriert sich deshalb darauf, mit Vorträgen und Presseinformationen die Möglichkeiten der Rheuma-Vorsorge und -Bekämpfung durch richtige Ernährung und Lebensführung bekanntzumachen. Man arbeitet hierbei mit anderen Vereinigungen der Gesundheitserziehung und Naturheilkunde zusammen. Außerdem werden naturheilkundlich tätige Ärzte und Heilpraktiker fachlich für die biologische Rheuma-Therapie weitergebildet.

Pro Chondroprotektiva e.V., Verein zum Erhalt der Knorpelschutzmittel (Chondroprotektiva) für Arthrosekranke, Fliederweg 2, **7991 Oberteuringen**.
Ziel des Vereins ist es, sich für Medikamente einzusetzen, mit denen seit 25 Jahren bestimmte Formen der Arthrose behandelt werden, die jedoch nach Absicht des Bundesgesundheitsamtes verboten werden sollen.

Deutsche Vereinigung Morbus Bechterew e.V.

Adam-Lang-Str. 19, **8720 Schweinfurt**, ☎ 09721/22033.
Ausführliche Beschreibung unter »Bewegungsapparat«.

Spezialkliniken (Auswahl):

Rheumakrankenhaus, Klinik für physikalische Therapie, Sebastian-Kneipp-Straße, 3551 Bad Endbach, ☎ 02776/7011.
St.-Josef-Stift, Westtor 7, 4415 Sendenhorst, ☎ 02526/3001.
Rheumaklinik Aachen, Burtscheider Markt 24, 5100 Aachen, ☎ 0241/47631.
Sanatorium Naturana, Bonifatiusstr. 7, 6427 Bad Salzschlirf, ☎ 06648/2074.
Rheintal-Klinik, Thürachstr. 10, 7812 Bad Krotzingen, ☎ 07633/4080.
Rheumatorium Badenweiler, Badstr. 46, 7847 Badenweiler, ☎ 07832/7540.

TIP:

Eine Liste von Spezial-Einrichtungen zur Rheumabehandlung kann gegen einen Unkostenbeitrag von DM 3,50 in Briefmarken beim Verlag angefordert werden (VGG, Postfach 1116, 7254 Hemmingen).

Schlafstörungen

Kliniken mit Abteilungen zur (ambulanten/stationären) Behandlung von Schlafstörungen:

Klinikum Charlottenburg, Neurologische Klinik, Spandauer Damm 130, 1000 Berlin 19, ☎ 030/3035433.
Zentralkrankenhaus Bremen-Ost, Neurophysiologische Abteilung, Züricher Str. 40, 2800 Bremen 44, ☎ 0421/4081.
Zentralkrankenhaus Reinkenheide, Neurologische Abteilung, Postbrookstraße, 2850 Bremerhaven, ☎ 0471/2991.
Zentrum für innere Medizin, Medizinische Poliklinik der Universität, Baldinger Straße, 3550 Marburg, ☎ 06421/282700.

Neurologische Klinik Hephata, Heinrich-Wiegand-Str. 57, 3578 Schwalmstadt-Treysa, ☎ 06691/180.

Psychologisches Institut II der Universität, Schlaflabor, Schlaunstr. 2, 4400 Münster, ☎ 0251/834141.

Epilepsiezentrum Bethel, Mahrerweg 2, 4800 Bielefeld 13, ☎ 0521/1443684.

Neurologische Universitätsklinik, Schlafambulanz, Sigmund-Freud-Str. 25, 5300 Bonn-Venusberg, ☎ 0228/2802750 + 2727.

Kreiskrankenhaus Lahr, Neurologische Abteilung, Klosterstr. 19, 7630 Lahr/Schwarzwald, ☎ 07821/2851.

Neurologische Universitätsklinik, Hansastr. 9a, 7800 Freiburg, ☎ 0761/27074216.

Psychiatrische Universitätsklinik, Schlafambulanz, Nußbaumstr. 7, 8000 München 2, ☎ 089/51603397.

Bezirkskrankenhaus, Schlafambulanz, Universitätsstr. 84, 8400 Regensburg, ☎ 0941/94331.

Schmerzkranke

Deutsche Schmerzhilfe e.V., Woldsenweg 3, **2000 Hamburg 20**, ☎ 040/465646.

Die Schmerzhilfe wurde 1978 von Dr. Hugo Baar gegründet. In ihr sind etwa 350 Ärzte sowie Spezialkliniken organisiert.

SCHMERZtherapeutisches Kolloquium

Postfach 100834, **6000 Frankfurt/Main 1**, ☎ 069/292272.

Im SCHMERZtherapeutischen Kolloquium sind alle klinisch-praktisch tätigen Ärzte und Wissenschaftler zusammengeschlossen, denen die Behandlung des chronisch schmerzkranken Patienten ein Anliegen ist. Bei der Schmerzkrankheit (Algesiologie) handelt es sich um ein selbständiges Krankheitsbild, was noch weithin unbekannt ist. Es fehlt bisher an »schmerzbezogener« Forschung und an interdisziplinärer Zusammenarbeit zum Wohle des Patienten.

Ziele des Kolloquiums sind 1. die Verbesserung der schmerztherapeutischen Versorgung; 2. die Weiterbildung auf den Gebieten der Schmerzdiagnostik und Schmerztherapie; 3. die Gründung interdisziplinärer Schmerzkonferenzen sowie 4. Öffentlichkeitsarbeit. Durch alle diese Aktivitäten sollen möglichst viele Kollegen und Beteiligte am Gesundheitswesen erreicht werden. Termine über Seminare sowie Anschriften von Zentren für schmerzbezogene Fortbildung können beim Kolloquium erfragt werden.

Gesellschaft zum Studium des Schmerzes, Im Neuenheimer Feld, **6900 Heidelberg**, ☎ 06221/564051.

Europäische Gesellschaft zur Erforschung und Behandlung von **chronischen Schmerzen** e.V., Zeppelinstr. 105, **7000 Stuttgart 1**, ☎ 0711/638471.

Besondere schmerztherapeutische Einrichtungen:

Krankenhaus Moabit, Schmerzambulanz, Turmstr. 21, 1000 Berlin 21, ☎ 030/3937328 + 39372288.

Schmerz-Praxis, Jakobikirchhof 9, 2000 Hamburg 1, ☎ 040/330902.

Marienkrankenhaus, Schmerzambulanz, Alfredstr. 9, 2000 Hamburg 76, ☎ 040/25798-0.

Unikliniken, Schmerzambulanz, Ratzeburger Allee 160, 2400 Lübeck, ☎ 0451/5003286.

Schmerzpraxis im Annes-Karll-Krankenhaus, Am Hochkamp 21, 2407 Bad Schwartau, ☎ 02451/26621.

Schmerzklinik, Rotes-Kreuz-Krankenhaus, St.-Pauli-Deich 24, 2800 Bremen, ☎ 0421/5599-276.

Krankenhaus Oststadt, Schmerzambulanz, Podbielskistr. 380, 3000 Hannover 51, ☎ 0511/6461-662.

Uniklinik, Schmerzambulanz, Robert-Koch-Str. 40, 3400 Göttingen, ☎ 0551/398816.

Uniklinik, Schmerzambulanz, Moorenstr. 5, 4000 Düsseldorf 1, ☎ 0211/3118107.

Uniklinik, Schmerzambulanz, Albert-Schweitzer-Str. 33, 4400 Münster, ☎ 0251/837255.

Uniklinik, Schmerzambulanz, Schleusenweg 2-16, 6000 Frankfurt/Main 71, ☎ 069/6301-5939.

Kreiskrankenhaus Alsfeld, Schmerzambulanz, Schwabenröder Str. 81, 6381 Alsfeld, ☎ 06631/1810.

Schmerzzentrum Mainz, Alice-Hospital, Auf der Steig 14-16, 6500 Mainz, ☎ 06131/8300.

Schmerz-Praxis, Pfählerstr. 38, 6600 Saarbrücken, ☎ 0681/582011.

Schmerzzentrum Schönborn, Waldparkstr. 20, 7525 Bad Schönborn 1, ☎ 07253/31865 + 4046.

Uniklinik Ulm, Schmerzambulanz, Prittwitzstr. 43, 7900 Ulm, ☎ 0731/179-4119 + 197-4149.

Klinikum Großhadern, Schmerzambulanz, Marchionistr. 15, 8000 München 70, ☎ 089/7095-3412.

Uniklinik, Schmerzambulanz, Schwabachanlage 6, 8520 Erlangen, ☎ 09131/854455.

Schmerzzentrum Nordbayern, Juliuspromenade 58, 8700 Würzburg, ☎ 0931/55655.

Schwangerschaft und Mutterschaft

Deutsche Gesellschaft für **Gynäkologie und Geburtshilfe**, Moorenstr. 5, **4000 Düsseldorf**, ☎ 0211/311-7500 + 7501.

Gesellschaft für Geburtsvorbereitung e.V.

Dellestr. 5, **4000 Düsseldorf 12**, ☎ 0211/252607.

Ziele der GfG sind die Förderung einer umfassenden Geburtsvorbereitung, um die Selbstsicherheit der Eltern zu stärken und sie zu befähigen, selbst aktiver Mittelpunkt des Geburtsgeschens zu werden. Man strebt nach einer möglichst natürlichen Geburtshilfe, die sich auch im Gebrauch med.-technischer Hilfsmittel zuerst an den Bedürfnissen von Mutter und Kind orientiert und bemüht sich um vielfältige Unterstützung der Eltern auch während der ersten Zeit nach der Entbindung.

Für die Eltern vermittelt man Kontakte zu Gruppen, Einrichtungen und Fachkräften, die im Sinne der o.a. Ziele arbeiten. Darüber hinaus werden alle verfügbaren Informationen über Geburtsvorbereitung, Geburt, Stillen und frühkindliche Entwicklung weitergegeben.

Ferner bietet die GfG eine einjährige berufsbegleitende Aus- und Weiterbildung in Geburtsvorbereitung an und unterstützt die interdisziplinäre Zusammenarbeit aller Berufsgruppen, die in der Geburtsvorbereitung und in der Geburtshilfe tätig sind.

Arbeitsgemeinschaft **Gestose-Frauen**, (PETS Deutschland), Sabine Kause, Vogt-von-Belle-Platz 3, **4174 Issum 1, ☎** 02835/3980.

Die sog. Schwangerschaftsvergiftung (EPH-Gestose) ist eine Erkrankung, die nur bei Schwangeren auftritt und u.a. mit Ödembildung und Bluthochdruck verbunden ist. Wird das Leiden nicht oder unzureichend behandelt, so können daraus schwerwiegendere Gesundheitsschäden resultieren.

Die Arbeitsgemeinschaft gibt regelmäßig einen Rundbrief heraus und verfügt über Literatur, die gegen Portokostenersatz ausgeliehen werden kann.

Arbeitskreis **Kunstfehler in der Geburtshilfe** e.V., Bremer Str. 19, **4600 Dortmund 1,** ☎ 0231/525872 + 574846.

Genaue Beschreibung siehe unter »Patientenschutz«.

Der Arbeitskreis gibt die Broschüre *»Wie kann ich mein Kind bei der Geburt schützen?«* heraus (gegen DM 3,- in Briefmarken).

Arbeitsgemeinschaft freier Stillgruppen, c/o Sylvia Brunn, Rheingaustr. 14, **5429 Welterod,** ☎ 06775/1358.

Die AG wurde 1980 gegründet. Inzwischen gibt es bereits etwa 300 Stillgruppen im gesamten Bundesgebiet.

In der AG sind Selbsthilfegruppen zusammengeschlossen, die entstanden sind aus dem echten Bedürfnis von Frauen, ihre Kinder zu stillen und dazu Motivation und Anleitung zu bekommen.

Die Stillgruppe trifft sich in regelmäßigen Abständen, um jeweils ein besonderes Thema zu besprechen, z.B.: die Vorteile des Stillens für Mutter und Kind; Schwangerschaft und Vorbereitung auf die Stillzeit; die ersten Tage mit dem Baby, Unsicherheiten oder Schwierigkeiten, die auftreten können.

Frauen, die in der AG aktiv tätig sind, treffen sich mehrere Male jährlich zu regionalen und überregionalen Fortbildungsveranstaltungen.

Material und Information über Stillgruppen erhalten Sie gegen frankierten Rückumschlag unter der oben aufgeführten Adresse.

Bund Deutscher **Hebammen** e.V., Postfach 1724, **7500 Karlsruhe,** ☎ 0721/27476.

Bewegung **für das Leben** e.V., Hohbergstr. 38, **6149 Abtsteinach,** ☎ 06207/2956.

Dachverband zum Schutz der Ungeborenen.

Aktion »Muttermilch — ein Menschenrecht«, c/o Karin Tolles, Reichsgrafenstr. 4, **7800 Freiburg,** ☎ 0761/77478.

Umweltgifte in der Muttermilch sind der Beweis für die inzwischen erreichte Belastung des menschlichen Körpers. Beim Stillen kommt hinzu, daß hier das empfindliche Neugeborene mit den Schadstoffen konfrontiert wird, was ein vermehrtes Auftreten von Allergien, Pseudokrupp, Abwehrschwächen bis hin zu erhöhter Anzahl von Krebserkrankungen zur Folge hat.

Die »Aktion« will diese Entwicklung stoppen und umkehren. Zu diesem Zweck informiert man über die Schadstoffbelastung der Muttermilch,. bietet Beratung zur Giftvermeidung und zum natürlichen Leben an und führt Veranstaltungen, Volkshochschulkurse sowie Infostände

durch.
Inzwischen liegen auch eine Reihe von Veröffentlichungen vor (Broschüren, Rundbriefe und das rororo-Taschenbuch »Muttermilch — natürlich!«).

Beratungsstelle für **natürliche Geburt**, Goethestr. 54, **8000 München 2,** ☎ 089/532076.

La Leche Liga Deutschland e.V.
Postfach 96, **8000 München 65.**

Die La Leche (sprich: la letsche) Liga wurde 1956 in den USA ins Leben gerufen und entstand aus der ersten Stillgruppe junger Mütter. Bei uns besteht sie seit 1976, und gegenwärtig gibt es etwa 45 ausgebildete LLL-Beraterinnen in der BRD. Der Grundgedanke der Liga ist seit ihrer Entstehung gleichgeblieben: das Gespräch von Frau zu Frau — Rat und Hilfe, Unterstützung und Ermutigung von Müttern, die glücklich gestillt haben, für Mütter, die stillen wollen oder es schon tun. Denn zu einer einfachen Sache wie dem Stillen gibt es dennoch sehr viele Fragen, z.B. ob eine Brustdrüsenentzündung ein Grund zum Abstillen ist, ob sich die Milchmenge steigern läßt, wie man behinderte oder frühgeborene Kinder stillt. Zu diesen und vielen weiteren Themen kann von der La Leche Liga Informationsmaterial angefordert werden (u.a. ein »Handbuch für stillende Mütter«, 420 Seiten, DM 29,80), einschließlich einer Liste der LLL-Leiterinnen.

TIP:

Eine Liste mit rund 1.000 Entbindungskliniken, aus der hervorgeht, welche Möglichkeiten die einzelnen Kliniken anbieten, wurde von der Zeitschrift »Eltern« zusammengestellt. Sie ist erhältlich unter der Anschrift: ELTERN-Leserservice, Neherstr. 9, 8000 München 80, unter Beifügung eines mit DM 0,80 frankierten und mit Ihrer Adresse versehenen Briefumschlages. Zugesendet werden die Klinikanschriften des jeweiligen Bundeslandes.

Im Frühjahr 1988 wurde der **Leitfaden zum Mutterschutz** (Bundesfrauenministerium) aktualisiert und neu aufgelegt. Er informiert über die Vorschriften zum Schutz der Schwangeren (z.B. verbotene Arbeiten), des werdenden Kindes und der Mutter (z.B. mutterschutzrechtlicher Kündigungsschutz und Hilfen der Krankenversicherung).
Der Leitfaden sowie ein Faltblatt zum Bundeserziehungsgeld können kostenlos bezogen werden beim Bundesministerium für Jugend, Familie, Frauen und Gesundheit, Kennedyallee 105-107, 5300 Bonn 2.

Schwerhörigkeit/ Hörstörungen

Bundesgemeinschaft der Eltern und Freunde **schwerhöriger Kinder** e.V., Pirolkamp 18, **2000 Hamburg 65,** ☎ 040/6070344.

Deutsche Gesellschaft zur Förderung der **Hör- und Sprachgeschädigten** e.V., Wientapper Weg 29f, **2000 Hamburg 55,** ☎ 040/871877.

Deutscher Schwerhörigenbund (DSB) e.V.

Zentralsekretariat, ABC-Straße 46, **2000 Hamburg 36,** ☎ 040/346404.

Der DSB ist eine der ältesten Behindertenorganisationen (gegründet 1901) und vertritt als bundesweit arbeitender Interessenverband die Belange schwerhöriger und ertaubter Menschen in sozialer, medizinischer, technischer und rechtlicher Hinsicht. Die Satzung des Vereins sieht u.a. folgende Schwerpunkte vor:

1. Aufklärung der Öffentlichkeit über Schwerhörigkeit und Ertaubung.
2. Unterstützung gemeinnütziger und rehabilitativer Einrichtungen.
3. Interessenvertretung im technischen Bereich (Hörhilfen, hörbehindertengerechte bauliche Maßnahmen u.ä.).
4. Interessenwahrnehmung im Bereich der Gesetzgebung.
5. Herausgabe von Publikationen, die auch spezielle Einzelprobleme von Schwerhörigen behandeln.

Es existieren bundesweit 9 Landesverbände (Berlin, Hamburg, Hannover, Hagen, Koblenz, Frankfurt, Saarbrücken, Stuttgart, München).

Vereinsorgan ist der »DSB-Report« (erscheint zweimonatlich, für Mitglieder kostenlos).

Gesellschaft zur Förderung der **Gehörlosen** in Groß-Hamburg e.V., Bernadottestr. 126, **2000 Hamburg 52,** ☎ 040/8806841.

Arbeitsgemeinschaft der **katholischen Gehörlosenseelsorger** Deutschlands, Goebenplatz 7, **5160 Düren.**

Deutsche Tinnitus-Liga e.V. (DTL), gemeinnützige Selbsthilfeorganisation, Lohsiepenstr. 18, **5600 Wuppertal 21,** ☎ 0202/464584.

Die DTL ist eine gemeinnützige Selbsthilfeorganisation für Leute, die unter Ohr- oder Kopfgeräuschen leiden. Diese Geräusche bezeichnet man ganz allgemein als »Ohrensausen« und medizinisch als »Tinnitus«.

In etwa 80% aller Fälle sind solche Geräusche innerhalb des Kopfes durchaus erträglich; für die übrigen jedoch sind die Geräusche quälend und oft unerträglich, so daß viele Betroffene »so« nicht mehr leben möchten. Etwa 1 Million Bundesbürger leiden vermutlich unter schwerem, quälendem Tinnitus. Sie sind gezwungen, sich tagsüber und oft auch nachts Geräusche anzuhören und mit ihnen zu leben, ohne ihrer Umwelt ihr Leiden begreiflich machen zu können. Dies geht meistens nicht ohne starke psychische Beeinträchtigungen ab, mit Depressionen, Ängsten, Kontaktschwierigkeiten, Einsamkeit und überaus starker Empfindlichkeit. Bei diesen konkreten Lebensproblemen will die DTL ansetzen. Sie gibt eine von Ärzten mitgestaltete Vierteljahreszeitschrift »Tinnitus-Forum« heraus, welche die Interessen der Betroffenen in der Öffentlichkeit, im politischen Raum, in renten- und versicherungsrechtlichen Fragen und gegenüber den Verantwortlichen unseres Gesundheitswesens vertritt und führt sie vor allem auch in örtlichen Selbsthilfegruppen zusammen.

So ungünstig auch die Heilungschancen im allgemeinen sind, so gut sind doch die Möglichkeiten einer Linderung. Eine der Aufgaben der DTL ist es, diese Erfahrungen in der BRD zu verbreiten und Therapeuten zu finden und zu motivieren, die sich ihrer bedienen.

Deutscher **Gehörlosenbund** e.V., Rothschildallee 16a, **6000 Frankfurt/Main 60,**

☎ 069/454036.

Deutsche Gesellschaft zur Förderung der Gehörlosen und Schwerhörigen e.V.
Rothschildallee 16a, **6000 Frankfurt/ Main 60,** ☎ 069/459237.
In der BRD leben etwa 130.000 hochgradig hörbehinderte und gehörlose Menschen. Die Fürsorge für diesen Personenkreis hat sich diese Gesellschaft zur Aufgabe gemacht. Sie ist Dachorganisation sämtlicher auf diesem Gebiet tätigen freien Verbände. Man bemüht sich dabei um die Einrichtung von Bildungs-, Fortbildungs- und Fürsorgeeinrichtungen sowie um die Herausgabe von geeignetem Schrifttum für hörgeschädigte Menschen und nimmt Einfluß auf die den Kreis der Gehörlosen und Schwerhörigen betreffende Gesetzgebung.

Deutsche Arbeitsgemeinschaft für **evangelische Gehörlosenseelsorge** e.V., Haagstr. 10, **6360 Friedberg.**

Deutscher Wohlfahrtsverband für **Gehör- und Sprachgeschädigte** e.V., Quinckestr. 72, **6900 Heidelberg.**

Bundesarbeitsgemeinschaft der Elternvertreter und Förderer Deutscher **Gehörlosenschulen** e.V., Haydnstr. 12, **8000 München 2.**

Bund Deutscher **Taubstummenlehrer**, Eichendorffstr. 111, **8440 Straubing.**

TIP:

Die »Fördergemeinschaft Gutes Hören« (Willibaldstr. 7, 8508 Wendelstein, ☎ 09129/5557) bietet u.a. unter verschiedenen Telefonnummern einen kostenlosen **Telefon-Hörtest** an. Nähere Informationen unter der angegebenen Anschrift.

Seelische Gesundheit

Deutsche Akademie für **Psychoanalyse,** Wielandstr. 27-28, **1000 Berlin 15,** ☎ 030/ 8818050.

Deutsche **Psychoanalytische Vereinigung** e.V., Sulzaer Str. 3, **1000 Berlin 33,** ☎ 030/ 8264547.

Norddeutsche Gesellschaft für angewandte **Tiefenpsychologie** e.V., Travemünder Allee 4a, **2400 Lübeck,** ☎ 0451/ 32525.

Deutsche Gesellschaft für **Kinder- und Jugendpsychiatrie** e.V., Klinik für Kinder- und Jugendpsychiatrie, Prof. Dr. Dr. H. Remschmidt, Hans-Sachs-Str. 6, **3500 Marburg,** ☎ 06421/283051-53.

Deutsche Gesellschaft für **Gestalttherapie und Kreativitätsförderung** (DGGK), Brehmstr. 9, **4000 Düsseldorf,** ☎ 0211/ 622255.

Gesellschaft für **psychosomatische Therapie,** Stettiner Str. 120, **4000 Düsseldorf 13.**

Zentralinsititut für **Seelische Gesundheit,** J 5, **6800 Mannheim 1,** ☎ 0621/17031.
Es handelt sich hier um eine Einrichtung von »gesamtstaatlichem Interesse«, mit den Schwerpunkten Forschung, Lehre und Erarbeitung von Konzepten für eine gemeindenahe psychiatrische Versorgung.

Emotions Anonymous (EA)
Selbsthilfegruppen für emotionale Gesundheit, Deutsche Kontaktstelle, Hohenheimer Str. 75, **7000 Stuttgart 1,** ☎

0711/243533.
Entstehung der EA.
Die »Emotions Anonymous« wurden 1967 in den USA gegründet. Nach allerersten Einzelgruppen verbreitete sich ab 1972 die heutige EA im deutschsprachigen Raum. Heute gibt es ca. 240 Einzelgruppen in der Bundesrepublik und in Berlin. Im gegenseitigen Gespräch findet man hier Hilfe bei emotionalen Störungen wie Neurosen, Ängsten, Depressionen, Zwängen und Süchten. Die Empfehlungen des 12 Schritte-Proramms der Anonymen Alkoholiker, abgewandelt für Menschen mit emotionalen Problemen, wurden zur Grundlage der Selbsthilfegruppen.
Was EA ist.
Die Emotions Anonymous sind eine Gemeinschaft von Männern und Frauen aus allen Berufen und Gesellschaftsschichten und jeden Alters, die sich in wöchentlichen Meetings regelmäßig treffen, um ihre emotionalen Probleme zu lösen und eine neue Lebensweise zu lernen und zu üben. Die einzige Voraussetzung für die Zugehörigkeit ist der Wunsch, emotional gesund zu werden und diese Gesundheit zu erhalten. EA ist unabhängig und erhält sich aus den freiwilligen Spenden ihrer Teilnehmer.

Deutsche Gesellschaft für **Selbstmordverhütung** (DGS), Böblinger Str. 24, **7000 Stuttgart 1,** ☎ 0711/6405944.
Die Gesellschaft besteht seit 1972. In ihr haben sich seither nicht nur Mitglieder der Heilberufe, der Sozialwissenschaften, der praktischen Sozialpädagogik, von Jura und Theologie zusammengefunden, sondern auch freiwillige Helfer und Förderer der Selbstmordverhütung — manch einer vor dem Hintergrund einer bewältigten Lebenskrise.
Hauptaufgabe der DGS ist es, eine Ebene der Begegnung und des Gedankenaustausches zwischen denen zu schaffen, die in ihrem beruflichen Alltag mit Selbstmordgefährdeten leben und arbeiten oder denen, die zu der Überzeugung gelangt sind, daß man Gefährdete nicht sich selbst und den Vorurteilen der Umwelt überlassen dürfe. Ziel ist insbesondere auch die Schaffung neuer Einrichtungen zur gezielten Krisenintervention und Selbstmordverhütung.

Deutsche **Psychoanalytische Gesellschaft** e.V., Leinsteige 11, **7240 Horb 8,** ☎ 07483/1221.

Internationale Gesellschaft für **Tiefenpsychologie** e.V., Geschäftsstelle, Postfach 1147, **7310 Plochingen,** ☎ 07153/21062.

Bundesarbeitsgemeinschaft katholischer Einrichtungen der **Hilfe für psychisch kranke und psychisch behinderte Menschen,** Karlstr. 40, **7800 Freiburg,** ☎ 0761/200-367.

Deutsche **Transpersonale Gesellschaft** (GTA), Jägerhäusleweg 32, **7800 Freiburg,** ☎ 0761/553887.
Bei der GTA befaßt man sich u.a. mit der Erforschung transpersonaler Bewußtseinszustände, z.B. mit den Themen Nah-Todesforschung, Spirituelle Ökologie oder interdisziplinäre Bewußtseinsforschung.

Bayerische Gesellschaft für **psychische Gesundheit**, Preysingstr. 30, **8000 München 80,** ☎ 089/488542.

HIPSY Hilfe für **Psychisch Kranke** e.V., Balanstr. 17, **8000 München 80,** ☎ 089/4489906.

»Hipsy« ist eine Initiative engagierter Menschen, die für eine menschenwürdige psychiatrische und psychosoziale Umwelt eintreten. Seit etwa 15 Jahren arbeiten in diesem gemeinnützigen Verein Laien, Professionelle und Betroffene gemeinsam — ehrenamtlich.
Hipsy hilft psychisch Kranken in der Klinik und außerhalb, und zwar bei der Durchsetzung menschlicher Grundrechte; bei der Entwicklung und Stärkung von Selbstwertgefühl, Selbstvertrauen und sozialer Reife. Dies geschieht durch Kontakte und Veranstaltungen in der Klinik (Haar) und außerhalb (gemeinsame Unternehmungen, therapeutische Wohngruppen, Beratung, Erfahrungsaustausch mit Selbsthilfegruppen).

Verein zur Rehabilitation ehemaliger **psychiatrischer Patienten** e.V., Schönstr. 71 b, **8000 München 90,** ☎ 089/6514747.

Informationskreis **Integrierte seelische und körperliche Heilweisen** (ISKH), Margeritenstr. 32, **8190 Wolfratshausen**.

Spezialkliniken (Auswahl; Psychosomatische Medizin):

Burghof-Klinik, Ritterstr. 19, 3260 Rinteln, ☎ 05751/41054.
Tannenwaldklinik, Martha-von-Opel-Weg 31, 6208 Bad Schwalbach, ☎ 06124/3071.
Klinik Bad Herrenalb, Bernbacher Str. 33, 7506 Bad Herrenalb, ☎ 07083/2071.
Psychosomatische Klinik Kinzigtal, Wolfsweg 12, 7614 Gengenbach, ☎ 07803/2021.
Klinik für Psychosomatische Medizin, Sebastian-Kneipp-Allee 4, 8944 Grönenbach, ☎ 08334/6020.

Selbsthilfebewegung

NAKOS — Nationale Kontakt- und Informationsstelle zur Anregung und Unterstützung von Selbsthilfegruppen
Albrecht-Achilles-Str. 65, **1000 Berlin 31,** ☎ 030/8914019.

Deutsche Arbeitsgemeinschaft Selbsthilfegruppen (DAG SHG)
Friedrichstr. 28, **6300 Gießen,** ☎ 0641/7022478.

Die beiden vorgenannten Organisationen haben es sich zum Ziel gesetzt, die Bildung und die Arbeit von Selbsthilfegruppen anzuregen und zu unterstützen. Dabei bemüht man sich insbesondere um solche Gruppen, in denen die unmittelbare menschliche Begegnung am Wohnort im Vordergrund steht und nicht der überregionale Zusammenschluß zur Vertretung berechtigter Interessen.
Man versteht sich nicht als »Dachverband« im klassischen Sinne. Die wesentlichen Aktivitäten richten sich an **alle Interessenten**, nicht nur an Mitglieder und beinhalten:
1. Öffentlichkeitsarbeit, um ein Modell selbstorganisierter Gruppenarbeit bekannter zu machen.
2. Vermittlung von Interessenten an Selbsthilfegruppen sowie Hilfe beim Aufbau neuer Selbsthilfegruppen (hierzu gibt es eine Reihe nützlicher Merkblätter).
3. Vermittlung von Kontakten der Gruppen untereinander sowie auf Wunsch auch von Experten.
4. Hilfen beim Aufbau von regionalen Unterstützungseinrichtungen für Selbsthilfegruppen (sogenannte »Kontakt- und

Informationsstellen für Selbsthilfegruppen« = KISS; eine Liste bereits bestehender Einrichtungen ist angefügt).
5. Ausbildung von Experten sowie Förderung eines »selbsthilfegruppenfreundlichen Klimas« bei Entscheidungsträgern und Verbänden.

SEKIS — Selbsthilfegruppe, Kontakt- und Informationsstelle, Albrecht-Achilles-Str. 65, **1000 Berlin 31**, ☎ 030/8926602.

KISS — Kontakt- und Informationsstelle für Selbsthilfegruppen, Gaußstr. 21, **2000 Hamburg 50**, ☎ 040/395767
+ Fuhlsbüttlerstr. 401, **2000 Hamburg 60**, ☎ 040/63111110.
Hauptziel von KISS (gefördert von der Hamburger Gesundheitsbehörde) ist es, das Prinzip der Selbsthilfe im Gesundheitsbereich bei Betroffenen und Experten zu verbreiten und zu fördern. Es soll den Menschen erleichtert werden, sich in Gruppen zusammenzufinden und ihre Probleme und Belange selbst in die Hand zu nehmen. KISS ist so etwas wie eine »Drehscheibe« für alle gesundheitsbezogenen Selbsthilfe-Aktivitäten im Hamburger Raum. Adressaten und Nutzer von KISS sind vor allem Laien (Patienten, Klienten, Betroffene...), um Unterstützung des Selbsthilfegedankens bemühte berufliche Helfer sowie besonders diejenigen Selbsthilfegruppen, die noch nicht ausreichend organisiert sind, um ihre Belange selbständig vertreten zu können.
Alle zwei Monate erscheint eine »Selbsthilfezeitung«, u.a. mit Terminen, Anschriften, Literaturhinweisen (Einzelpersonen können für DM 10,- die jeweils nächsten 5 Ausgaben bestellen).

KIBIS — Kontakt-, Informations- und Beratungsstelle im Selbsthilfebereich, Barbara Waller-Döhner, Am Schiffenwall 1, **2120 Lüneburg**, ☎ 04131/31037 + 31038.

Teestube Itzehoe e.V., Kontaktstelle für Selbsthilfegruppen, Peter Schwenck, Feldschmiede 78, **2210 Itzehoe**, ☎ 04821/5757.

KIBIS — Kontakte, Information, Beratung im Selbsthilfebereich, Cornelia Fitschen-Meintrup, Beselerallee 57, **2300 Kiel 1**, ☎ 0431/560222.

Die Brücke Rendsburg e.V., Verein zur Förderung der seelischen Gesundheit, Christel Schmahl, Am Holstentor 1a, **2370 Rendsburg**, ☎ 04331/25299.

AOK Lübeck, Gesundheitszentrum, Kontakt- und Informationsstelle für Selbsthilfe im Gesundheitswesen, Fleischhauerstr. 59, **2400 Lübeck 1**, ☎ 0451/1508-291 + 294.

Gesundheitstreffpunkt Bremen, Heino Brückmann, Lindenstr. 61, **2800 Bremen 70 (Vegesack)**, ☎ 0421/656411.

Release e.V., Dr. Hesse, Bahnhofstr. 29, **2805 Stuhr**, ☎ 0421/893233.

BeKoS — Beratungs- und Koordinierungsstelle für Selbsthilfegruppen, Hackenweg 33a, **2900 Oldenburg**, ☎ 0441/304244.

KIBIS HANNOVER — Kontakt-, Informations- und Beratungsstelle im Selbsthilfebereich, Bödekerstr. 85, **3000 Hannover 1**, ☎ 0511/666567.

Kinderhaus in Hannover e.V., **KISS** — Kontakt- und Informationsstelle für Selbsthilfegruppen, De-Haen-Platz 6, **3000 Hannover**, ☎ 0511/624591 + 664726.

Lebensberatung Ev.-luth. Kirchenkreis, Herr Schäfer-Ehrhardt, Kirchplatz 8, **3030 Walsrode 1,** ☎ 05161/8010.

DPWV Sozialzentrum Nienburg, Beratungsstelle für Selbsthilfegruppen, Heidi Kemper, Wilhelmstr. 15, **3070 Nienburg,** ☎ 05021/2001 + 2002.
DPWV = Deutscher Paritätischer Wohlfahrtsverband.

Kontakt- und Informationsstelle für **Selbsthilfegruppen im DPWV,** Frau Ch. Schaefer, Beethovenstr. 15, **3150 Peine,** ☎ 05171/18045.

Volkswagen Betriebskrankenkasse, Informationsstelle für **Selbsthilfegruppen,** Herr Frank, **3180 Wolfsburg,** ☎ 05361/183202.

Selbsthilfe, Kontakt- und Informationsstelle im DPWV, Barbara Meskemper, Kaiserstr. 80, **3250 Hameln,** ☎ 05151/14036.

Regionale **Kontaktstelle für Selbsthilfegruppen** in Braunschweig, c/o Betriebskrankenkasse Braunschweiger Hüttenwerke, Dieter Alper, Alte Leipziger Str. 117-118, **3300 Braunschweig,** ☎ 0531/7013-240.

Infostelle für **Selbsthilfegruppen,** c/o Betriebskrankenkasse der Salzgitter AG, Frau Hogräfer, Thiesstr. 15, **3320 Salzgitter-Lebenstedt,** ☎ 05341/405-242.

Infostelle für **Selbsthilfegruppen,** c/o Ev. Familien-Bildungsstätte, Margrit Voges, Neuer Weg 6, **3340 Wolfenbüttel,** ☎ 05331/76487.

IKOS — Informations- und Kontaktstelle für Mitarbeit und Selbsthilfe, Bürgerstr. 27a, **3400 Göttingen,** ☎ 0551/485844.

Marburger **Arbeitsgemeinschaft Selbsthilfegruppen,** c/o Sozialer Dienst der AOK, Herr Schmitz, Rollwiesenweg 1, **3550 Marburg,** ☎ 06421/401255.

Treffpunkt e.V., Verein zur Förderung von psychosozialer Selbsthilfe und Beratung, Hinterstr. 15, **3590 Bad Wildungen,** ☎ 05621/72424.

KISS — Kontakt- und Informationsstelle für Selbsthilfegruppen, Almut Schmitz-Hambrecht + Ralf Schobert, Brehmstr. 9, **4000 Düsseldorf 1,** ☎ 0211/632624.

Infostelle für **Selbsthilfegruppen,** c/o AOK Gesundheitszentrum Hilden, Julia Reppenhagen, Kirchhofstr. 33, **4010 Hilden,** ☎ 02103/5010.

Infostelle für **Selbsthilfegruppen,** c/o AOK Gesundheitszentrum Langenfeld, Frau Thiele, Friedhofstr. 8, **4018 Langenfeld,** ☎ 02173/73071 + 75811.

Infostelle für **Selbsthilfegruppen,** c/o AOK Gesundheitszentrum Mettmann, Frau von Schweinitz, Neanderstr. 16, **4020 Mettmann,** ☎ 02104/76031.

Infostelle für **Selbsthilfegruppen,** c/o AOK Gesundheitszentrum Ratingen, Minoritenstr. 11, **4030 Ratingen,** ☎ 02102/1003-33.

Kontakt und Informationsstelle für **Selbsthilfegruppen,** c/o Kath. Arbeitsgemeinschaft Familienbildung e.V., Familienbildungsstätte, Mozartstr. 22, **4050 Mönchengladbach 1,** ☎ 02161/85035.

Duisburger **Arbeitsgemeinschaft Selbsthilfegruppen,** Kontaktzentrum Psychiatrische Hilfsgemeinschaft Duisburg e.V., Weidmannstr. 15, **4100 Duisburg 11 (Hamborn),** ☎ 0203/558919.

Infostelle für **Selbsthilfegruppen,** c/o AOK Rheinberg, Achim Bertenburg, Außenwall 6a, **4134 Rheinberg 1**, ☎ 02843/17860.

Infostelle für **Selbsthilfegruppen**, c/o AOK Gesundheitszentrum Essen, Herr Hassel, Lindenallee 57, **4300 Essen 1**, ☎ 0201/2011-530 + 533.

KISS im DPWV, Kontakt- und Informationsstelle für Selbsthilfegruppen e.V., Ruth Kempcke, Kurt-Schumacher-Damm 8, **4500 Osnabrück**, ☎ 0541/430266.

Kontakt- und Förderstelle für **Selbsthilfe** — DPWV, Irmgard Maag-Specker, Westhoffstr. 8-12, **4600 Dortmund**, ☎ 0231/8403-127.

OASE Selbsthilfe und Kommunikationszentrum, Ruhruniversität Bochum, Buscheyplatz 3, **4630 Bochum (Querenburg)**, ☎ 0234/700-2332.

Lünener Arbeitsgemeinschaft **Selbsthilfegruppen**, Dr. G. Hellhammer, Yorkstr. 2, **4670 Lünnen-Brambauer**, ☎ 0231/871640.

Volkshochschule Unna, Kontakt- und Informationsstelle für **Selbsthilfegruppen**, Bahnhofstr. 16-18, **4750 Unna**, ☎ 02303/103425 + 426.

Regionale Kontakt- und Informationsstelle für **Selbsthilfegruppen**, c/o Westfälische Landesklinik Paderborn, Bernd Kronfuss, Postfach 2745, **4790 Paderborn**.

BIKIS — Kontakt- und Informationsstelle Selbsthilfegruppen, Stapenhorststr. 5, **4800 Bielefeld 1**, ☎ 0521/121802.

Arbeitskreis für Selbstmordverhütung und **Krisenberatung** e.V., Ilse Hildebrandt, Brunnenstr. 20, **4930 Detmold**, ☎ 05231/34450.

Infostelle für **Selbsthilfegruppen** im DPWV, Lindenstr. 29, **4950 Minden**, ☎ 0571/25033.

KISS Köln, Kontakt- und Informationsstelle für Selbsthilfe, DPWV, Katja Bakarinow, Herwarthstr. 12, **5000 Köln 1**, ☎ 0221/527081.

Aachener Arbeitsgemeinschaft **Selbsthilfegruppen**, Volkshochschule Aachen, Helma Höllermann, Peterstr. 21-25, **5100 Aachen 1**, ☎ 0241/48417.

Kontakt- und Informationsstelle für **Selbsthilfegruppen**, Auf der Mühle 8, **5190 Stolberg**, ☎ 02402/81027 + 81025.

SEKIS Bonn, Kaiserstr. 17, **5300 Bonn 1**, ☎ 0228/213954.

Gemeinschaft der **Selbsthilfegruppen** Koblenz, Margot Demel, Kolpingstr. 12, **5414 Vallendar**, ☎ 0261/62442.

Wuppertaler **Selbsthilfe**, Kontakt- und Beratungsstelle, Hombüchel 62, **5600 Wuppertal 1**, ☎ 0202/302940.

Infostelle für **Selbsthilfegruppen**, AOK Gesundheitszentrum, Frau Weber + Frau Schaller, Friedrich-Ebert-Str. 123, **5620 Velbert**, ☎ 02051/318-300.

Patientenladen, Europäisches Institut für Sozialmedizin und Andragogik e.V., Beckmannstr. 92, **5650 Solingen**, ☎ 0212/42882.

DPWV — Kontakt- und Informationsstelle für **Selbsthilfegruppen**, Rita Januschewski, Dortmunder Str. 13, **5810 Witten**, ☎ 02302/1559.

Frankfurter Arbeitsgemeinschaft **Selbsthilfegruppen** im Selbsthilfe- und Nachbarschaftszentrum Ostend e.V., Uhlandstr. 50, **6000 Frankfurt/Main**, ☎ 069/445067.

Infostelle für **Selbsthilfegruppen**, c/o

Psychosoziale Arbeitsgemeinschaft Darmstadt e.V., Sturzstr. 9, **6100 Darmstadt,** ☎ 06151/661654.

Infostelle für **Selbsthilfegruppen** im Caritasverband für den Kreis Bergstraße, Bensheimer Weg 16, **6148 Heppenheim,** ☎ 06252/76462.

Gießener Arbeitsgemeinschaft **Selbsthilfegruppen** e.V., Friedrichstr. 28, **6300 Gießen,** ☎ 0641/7022478.

Regionale Arbeitsgemeinschaft **Selbsthilfegruppen** — RAG SHG Fulda, c/o AOK Fulda, Mühlenstr. 3, **6400 Fulda,** ☎ 0661/29715.

Sozialdienst der AOK, Regionale Kontaktstelle für **Selbsthilfegruppen,** Christoph Hoffmann, Mühlstr. 2a, **6450 Hanau,** ☎ 06181/102418.

Infostelle für **Selbsthilfegruppen,** c/o Gesundheitszentrum der AOK, Schulstr. 7, **6460 Gelnhausen,** ☎ 06051/820228.

Regionale Kontakt- und Informationsstelle für **Selbsthilfegruppen,** c/o AOK, Christa Schönmeier, Fuldaer Straße, **6490 Schlüchtern,** ☎ 06661/2087.

Informations- und Kontaktstelle für Mitarbeit und **Selbsthilfe** (IKOS), Gundula Wagner, Ludwigstr. 31, **6520 Worms,** ☎ 06241/853-237.

KISS Saarbrücken, Kontakt- und Informationsstelle für Selbsthilfegruppen, Blumenstr. 11, **6600 Saarbrücken,** ☎ 0681/390001.

Homburger Arbeitsgemeinschaft **Selbsthilfegruppen,** c/o Institut für Klinische Psychotherapie, Dr. med. H. Greß, Universitätskliniken Haus 2, **6650 Homburg/Saar,** ☎ 06841/163997 + 98.

Gesundheitstreffpunkt Mannheim e.V., Beratung im **Selbsthilfebereich,** Beate Schmitz, Schimperstr. 41, **6800 Mannheim,** ☎ 0621/332462.

Herz-Kreislauf-Präventionsstudie, Kontaktstelle für **Selbsthilfegruppen,** Blumenstr. 29, **7000 Stuttgart 1,** ☎ 0711/2105626.

Infostelle für **Selbsthilfegruppen,** c/o Diakonische Bezirksstelle Aalen, Frau Voß, Marienstr. 12, **7080 Aalen,** ☎ 07361/32726.

Infostelle für **Selbsthilfegruppen,** c/o Sozialer Dienst der AOK Esslingen, Gerhard Frank, Plochinger Str. 13, **7300 Esslingen,** ☎ 0711/3102-266.

Sozialer Dienst der AOK Esslingen, Gerhard Frank, Plochinger Str. 13, **7300 Esslingen,** ☎ 0711/3102-266.

Informations- und Kontaktstelle für Mitarbeit und **Selbsthilfe,** Rolf Saller, Rathaus West, Zi. 144, Kaiserallee 4, **7500 Karlsruhe,** ☎ 0721/133-3651 + 133-3693.

Infostelle für **Selbsthilfegruppen,** c/o Psych. Beratungsstelle, Illenauer Allee 4, **7590 Achern,** ☎ 07841/4994.

Gesundheitsladen Freiburg, Eschholzstr. 19, **7800 Freiburg,** ☎ 0761/276924.

Infostelle für **Selbsthilfegruppen,** c/o AOK Ravensburg, Frau Brobeil, Welfenstr. 2, **7980 Ravensburg,** ☎ 0751/371-137 + 138.

Selbsthilfezentrum München, Auenstr. 31, **8000 München 5,** ☎ 089/7255178 + 774607.

Infostelle für **Selbsthilfegruppen,** c/o Modell Bergen, Hildegard Seeholzer, Bahnhofstr. 17, **8221 Bergen,** ☎ 08662/5373.

Selbsthilfegruppe Regenbogen, Peter

Meik, Meister-Ermart-Str. 27, **8440 Straubing,** ☎ 09421/32809.

Kontakt- und Informationsstelle für **Selbsthilfegruppen**, Regionalzentrum Erlangen, Nürnberg und Fürth, Ohmstr. 2, **8520 Erlangen,** ☎ 09131/209234.

Coburger Arbeitsgemeinschaft **Selbsthilfegruppen**, Bürgerhaus, Mohrenstr. 3, **8630 Coburg,** ☎ 09561/90315.

Informations- und Kontaktstelle für Mitarbeit und **Selbsthilfe** (IKOS), Gabriele Monath, Rückmainstr. 2, **8700 Würzburg,** ☎ 0931/37468.

Infostelle für **Selbsthilfegruppen**, c/o Innere Mission Ansbach, Sozialpsychiatrischer Dienst, Karolinenstr. 29, **8800 Ansbach,** ☎ 0981/14440.

Senioren

Bund Deutscher Senioren (BDS) e.V., Genthiner Str. 30c, **1000 Berlin 30,** ☎ 030/2613016.
Beim »Bund« versucht man, u.a. durch aktive Medienarbeit zu vermitteln, wo ältere Menschen »der Schuh drückt«. Man will sich nicht länger damit abfinden, daß andere, die nicht Betroffen sind, »für uns denken und handeln«, sondern als gleichberechtigte Bürger in unserer Gesellschaft anerkannt werden.

Deutsche Zentrum für **Altersfragen,** Manfred-von-Richthofen-Str. 2, **1000 Berlin 42,** ☎ 030/7866071.

Lebensabend-Bewegung (LAB) e.V., Burgfeldstr. 17, **3500 Kassel-Wilhelmshöhe,** ☎ 0561/35081.

Deutsche Gesellschaft für **Gerontologie,** Brunnenstr. 23, **3520 Hofgeismar,** ☎ 05671/882-0.

Kuratorium Deutsche Altershilfe e.V. (KDA)
Wilhelmine-Lübke-Stiftung, An der Pauluskirche 3, **5000 Köln 1,** ☎ 0221/313071.
Das KDA wurde 1962 gegründet. Ziele sind in der Hauptsache:
1. Die Förderung und Verwirklichung zeitgemäßer Modelle der Altenhilfe.
2. Beseitigung bestehender Mängel in der Altenhilfe.
3. Öffentlichkeitsarbeit, um auf die Lebenssituation der alten und alternden Menschen aufmerksam zu machen.
Es geht vor allem darum, durch Starthilfen Impulse zu geben, neue Wege und Modelle in der Altenhilfe zu erproben und dann private und öffentliche Träger zu bewegen, erfolgversprechende Ansätze weiterzuentwickeln und auszubauen.
So wurde am Anfang insbesondere der Bau von Altenwohnungen gefördert. Um älteren Menschen so lange wie möglich ein selbständiges Wohnen in der eigenen Wohnung zu sichern, folgte dann die Finanzierung von ambulanten Diensten, vor allem Essen auf Rädern und Haus- und Krankenpflege, Wäsche- und Einkaufsdienste sowie Fuß- und Haarpflege.
Der Integration und Aktivierung älterer Menschen dienten Erholungsmaßnahmen und die Errichtung von Altentagesstätten.
Den Schwerpunkt gegenwärtiger Förderungsmaßnahmen bildet die Fort- und Weiterbildung von Mitarbeitern in der Altenhilfe.

Bundesverband privater **Alten- und Pflegeheime** e.V., Meckenheimer Allee 145, **5300 Bonn 1,** ☎ 0228/631655.

Seniorenschutzbund (SSB) Graue Panther e.V. •

Rathenaustr. 2, **5600 Wuppertal 2,** ☎ 0202/665543.

Was 1975 als kleine Initiative begann, ist inzwischen zur wichtigsten politisch motivierten Seniorenorganisation angewachsen. Der Seniorenschutzbund hat im gesamten Bundesgebiet 20.000 Mitglieder in 170 Kontakt- und Außenstellen, die alle autonom arbeiten. Die »Grauen Panther« entwickelten sich zu einer generationenüberspannenden Aktionsgemeinschaft (Mindestalter: 18 Jahre), allen voran die Gründerin und 1. Vorsitzende Trude Unruh, die in den letzten zwölf Jahren mit ihren spektakulären öffentlichen Auftritten nicht nur für viel Aufsehen gesorgt hat, sondern auch bei vielen Menschen ein Bewußtsein weckte für die Probleme ihrer älteren Mitbürger. Viele Mißstände in der Rentenpolitik, in der Sozialarbeit und Altenpflege sind von den Grauen Panthern aufgedeckt und teilweise beseitigt worden. Durch den »Sprachrohrvertrag« der Grauen Panther mit den Grünen (1984) und den Einzug von Trude Unruh in den Bundestag (1987) als parteilose Abgeordnete innerhalb der Fraktion »Die Grünen« werden die Forderungen der Alten auch im Bundestag vertreten.

Freie **Altenhilfe** auf Bundesebene e.V., L 14/11, **6800 Mannheim 1,** ☎ 0621/101315.

Deutsche Liga zur Bekämpfung frühzeitiger **Alterserscheinungen** (Frühgeriatrie) e.V., Schwerpunktklinik Klausenbach, **7611 Nordrach-Klausenbach,** ☎ 07838/820.

Vegetarier-Altenhilfe, Geschäftsstelle, Siegfried Strasser, Reichenbacher Str. 63, **7912 Weißenhörn.**

Sexualität

Deutsche Gesellschaft für **Sexualforschung**, Martinistr. 52, **2000 Hamburg 20.**

Gesellschaft für Praktische **Sexualmedizin**, Hospitalstr. 17/19, **2300 Kiel,** ☎ 0431/597224.

Deutsche Gesellschaft für **Geschlechtserziehung** e.V., Römerstr. 164, **5300 Bonn 1,** ☎ 0228/550219.

Pro Familia — Deutsche Gesellschaft für Sexualberatung und Familienplanung e.V.

Cronstettenstr. 30, **6000 Frankfurt/Main 1,** ☎ 069/550901.

Die Pro Familie wurde 1952 von Ärzten und anderen Personen gegründet, die sich für die Förderung der Familienplanung einsetzten. Heute existieren 10 Landesverbände mit 107 Beratungsstellen und weiteren 31 Außenstellen sowie 5 Familienberatungszentren.

Zu den Aufgaben der Pro Familia gehören insbesondere die Beratung über Empfängnisregelung, Partnerschafts- und Sexualberatung, Sexualpädagogik, Beratung bei Schwangerschaft sowie medizinische Dienstleistungen (wie z.B. Sterilisation und Schwangerschaftsabbruch).

In den Beratungsstellen arbeiten als Fachkräfte vor allem Ärzte, Psychologen und Sozialarbeiter.

Die vom Bundesverband herausgegebene Zeitschrift »pro familia« (6 Hefte im Jahr) informiert über aktuelle Aspekte der Familienplanungsarbeit. Von Pro Familia werden auch eine Vielzahl von Broschüren herausgegeben.

Gesellschaft für **Sexualerziehung und Sexualmedizin** Baden-Württemberg e.V.,

Donauring 22, **7514 Eggenstein-Leopoldshafen 2,** ☎ 07247/21723.

Sprachstörungen

Deutsche Gesellschaft für **Sprachheilpädagogik,**
Gaißendorfer Pferdeweg 15 b, **2100 Hamburg 90,** ☎ 040/7905833.

Bundesvereinigung **Stotterer Selbsthilfe** e.V., Weyerstr. 245, **5650 Solingen 19,** ☎ 0212/333312.
Stotternde Erwachsene und Jugendliche haben sich in etwa 50 Selbsthilfegruppen zusammengefunden, um mit ihrer Sprechstörung selbstbewußter umgehen zu lernen. Nicht das Stottern selbst stellt sich als das größte Problem dar, sondern die bei der Kommunikation mit anderen Menschen auftretenden Ängste, Unterlegenheits- und Isolationsgefühle. Über eine Einstellungsänderung zum Stottern kann die Sprechangst abgebaut, die Kontaktfähigkeit und Selbstverantwortung erhöht sowie schließlich eine flüssigere Sprechweise erreicht werden.
Die Bundesvereinigung bemüht sich insbesondere um einen Informations- und Erfahrungsaustausch zwischen den einzelnen Selbsthilfegruppen und gibt die Zeitschrift »Der Kieselstein« heraus.
1986 wurde das »DEMOSTHENES-Institut« für Selbsthilfe, Therapieförderung und Information gegründet, das umfassend fachlich beratend tätig ist und u.a. einen »Therapieratgeber Stottern« erarbeitet.

Spezialklinik:

Stimmheilzentrum in der Kurklinik Bad Rappenau, Saline 1-4, 6927 Bad Rappenau, ☎ 07264/83170.

Sterben

Omega — mit dem Sterben leben e.V.
Kasseler Schlag 19, **3501 Hann. Münden 1,** ☎ 05541/71130 + 5356.
OMEGA will die in unserer Zeit vorherrschende negative Einstellung zum Sterben verändern, ebenso wie die Bedingungen, unter denen in unserer Gesellschaft das Sterben vieler Menschen geschieht (Isolation).
Der Verein wurde nach dem Vorbild der Hospizbewegung (England, USA) im Oktober 1985 gegründet. Inzwischen hat man ein Kontaktnetz von Anlaufstellen aufgebaut und kann Sterbenden und ihren Angehörigen folgende Hilfen anbieten: Sterbebegleitung; Beratung und Beistand für totkranke und sterbende Menschen sowie deren Angehörige und Freunde; Unterstützung beim Aufbau örtlicher Gesprächskreise und Beratungsstellen; Begleitung von Angehörigen während des Abschiednehmens und in der Zeit der Trauer.
Um solche Unterstützung in größerem Umfange leisten zu können, bietet OMEGA Seminare zur Sterbebegleitung für Laienhelfer und Fortbildung professioneller Pflegekräfte an. Ein regelmäßiger Informationsrundbrief gewährleistet den Kontakt zu den Mitgliedern (in einigen Städten bestehen auch Telefon- und Kontaktstellen). In der Öffentlichkeitsarbeit sucht man den Kontakt zu verwandten Organisationen und will eine Bewußtseinsänderung im Sinne der Bedürfnisse

sterbender Menschen herbeiführen.

Internationale Gesellschaft für **Sterbebegleitung und Lebensbeistand** e.V., Diezer Str. 17-19, **6250 Limburg/Lahn**, ☎ 06431/25523.

Die 1986 gegründete Gesellschaft orientiert sich ebenfalls an der angelsächsischen Hospizbewegung, deren Ziel es u.a. ist, alleinstehenden Schwerkranken oder Sterbenden eine »letzte menschliche Geborgenheit« zu vermitteln.

Die Sterbebegleitung gilt den Schwerstkranken; Lebensbeistand will man Angehörigen, Ärzten und Pflegepersonal leisten.

Ein wichtiger künftiger Arbeitsschwerpunkt ist z.B. die Verbesserung der Zusammenarbeit aller Fachkräfte, die mit der Betreuung Sterbender zu tun haben. Auch soll die Öffentlichkeit sensibel gemacht werden gegenüber dem Thema »menschenwürdiges Sterben«.

Die Forderung nach einer aktiven Sterbehilfe (Tötung auf Verlangen) lehnt man in der Hospizbewegung ganz entschieden ab.

Deutsche Gesellschaft für humanes Sterben (DGHS) e.V.

Klauckestr. 6, **8900 Augsburg 11**, ☎ 0821/36128.

Tod uns Sterben gehören wie die Geburt zum Leben und müssen angesichts der gewachsenen Möglichkeiten medizinischer Technik neu ins Bewußtsein der Menschen gehoben werden. Es gibt in der Medizin eine Grenze, an der die Möglichkeit der Lebensrettung aufhört und die reine Sterbensverlängerung beginnt. Hier hat die Sterbehilfe einzusetzen. Humanes Sterben bedeutet, daß ein Mensch in Frieden sterben kann, wenn der Tod nicht mehr abwendbar ist, jedoch möglicherweise noch lange und qualvoll auf sich warten läßt.

Gegen die gravierenden gesellschaftlichen Mißstände und eine vieltausendfache persönliche Not, die das Sterben hierzulande allzuoft begleiten, kämpft seit 1980 die DGHS in Augsburg. In den knapp 8 Jahren ihres Bestehens wuchs sie auf über 16.000 Mitglieder an.

Ausgangspunkt und Leitmotiv ist das Selbstbestimmungsrecht des sterbenden Patienten: er muß das letzte Wort über sein Leben und Sterben behalten. Mit dem Ziel der Rechtssicherheit für Patienten und Ärzte wird in diesem Sinne eine verbesserte gesetzliche Regelung der passiven und aktiven Sterbehilfe gefordert, werden an Mitglieder Patientenverfügungen ausgegeben und hält man eine Broschüre bereit, die Mittel und Möglichkeiten für eine humane Selbsterlösung aus physischer Bedrängnis aufzeigt. Sowohl in Augsburg wie auch in allen Regionen der BRD stehen Mitarbeitere der DGHS mit Rat und Tat zur Seite.

Suchtkrankheiten

Deutsche Gesellschaft für **Suchtforschung** und Suchttherapie e.V., Händelallee 7, **1000 Berlin 21**, ☎ 030/3912288.

Schnüfflerhilfe, Verein für Suchtprävention und Therapie mit Drogenabhängigen e.V., Graefestr. 7, **1000 Berlin 61**, ☎ 030/6917042/3.

»Schnüffler« ist, wer sich mit chemischen Substanzen (meist Lösungsmittel) absichtlich durch Einatmen berauscht. Es kann hierbei zur Sucht kommen, mit schweren geistigen und körperlichen Schädigungen (Lähmungen, Persönlichkeitsveränderung). Bei der »Schnüfflerhilfe« geht man mehrmals in der Woche auf die Straße, sucht Gefährdete an ihren Treffpunkten auf und bietet unter dem Grundsatz der Anonymität Gespräche, kleinere Aktivitäten und Beratung (z.B. Schule, Ämter) an. Im Kontakt- und Beratungsladen (Anschrift wie oben) steht man für alle weiteren Auskünfte zur Verfügung.

Synanon Deutschland — Für ein Leben ohne Droge

Bernburger Str. 24/25, **1000 Berlin 61,** ☎ 030/2621062.

Die Suchthilfeorganisation SYNANON nimmt Tag und Nacht süchtige Menschen ohne Vorbedingungen auf. Auch Paare und süchtige Mütter mit Kindern werden aufgenommen.

Es gibt drei Regeln: **keine Drogen, keine Gewalt und kein Tabak**.

SYNANON nimmt **keine** Tagespflegesätze. Alle Arbeiten werden von den Betroffenen in Selbsthilfe und Selbstverwaltung erledigt. Der Großteil des Lebensunterhaltes wird durch Zweckbetriebe wie Druckerei, Fotosetzerei, Repromontage, Transporte und eine Keramikwerkstatt erwirtschaftet. Der Rest kommt durch Bußgelder und Spenden sowie Mittel der öffentlichen Hand herein.

SYNANON besteht seit 1971 und hat während der Jahre weitgehend auf sich alleingestellt Erstaunliches geleistet. Gegenwärtig leben etwa 170 Süchtige in der Gemeinschaft, und es sind zwei weitere Häuser in Berlin hinzugekommen (Königstraße/Jägerhof, **1000 Berlin 39,** ☎ 030/8055067/68 und Peter-Lenne-Str. 5-7, **1000 Berlin 33,** ☎ 030/8317088/89). Außerdem wird gegenwärtig im hessischen **Cölbe-Schönstadt** (Hofgut Fleckenbühl) eine landwirtschaftliche Gemeinschaft aufgebaut, die durch biodynamische Anbauweise etwa 60 Süchtigen nach den Regeln von SYNANON einen Lebensunterhalt bieten soll.

Bund für **drogenfreie Erziehung**, Adenauerallee 45, **2000 Hamburg 1,** ☎ 040/245880.

Deutscher **Guttempler-Orden** (I.O.G.T.) e.V., Adenauerallee 45, **2000 Hamburg 1,** ☎ 040/245880.

Kontaktstelle **Anonyme Spieler** Deutschland, Eilbeker Weg 20, **2000 Hamburg 76,** ☎ 040/2099009.

Die AS sind eine Gemeinschaft von Frauen und Männern, die ihre Erfahrung, Kraft und Hoffnung teilen, um miteinander ihr gemeinsames Problem zu lösen. Ihr wichtigstes Anliegen ist es, mit dem Spielen aufzuhören und anderen süchtigen Spielern zu helfen, es auch zu schaffen. Die einzige Bedingung für die Mitgliedschaft ist der Wunsch, das Spielen aufzugeben. Die Gruppen verlangen keine Gebühren oder Beiträge; man trägt sich durch eigene, freiwillige Spenden. Die AS stehen keiner politischen Partei, Konfession, Sekte oder Institution nahe. Bundesweit gibt es inzwischen in 43 Städten Selbsthilfegruppen der Anonymen Spieler (Adressen bei der Kontaktstelle).

Gesamtverband für Suchtkrankenhilfe

im Diakonischen Werk der EKD in Deutschland (GVS), Brüder-Grimm-Platz 4, **3500 Kassel,** ☎ 0561/102638.

Der GVS ist als Fachverband des Diakoni-

schen Werkes ein selbständiger Verein und verfügt über langjährige Erfahrungen auf dem Sektor der Suchtkrankenhilfe. Er arbeitet überregional mit anderen Verbänden der Freien Wohlfahrtspflege in der Deutschen Hauptstelle gegen die Suchtgefahren zusammen.
Der GVS koordiniert und fördert die Arbeit der einschlägigen in der Diakonie tätigen Einrichtungen. Über 1.200 Abstinenz- und Selbsthilfegruppen, ca. 300 ambulante Beratungs- und Behandlungsstellen, 30 Fachkrankenhäuser und weitere 50 Therapie- und Nachsorgeeinrichtungen für Suchtkranke bzw. Drogenabhängige sind im GVS zusammengeschlossen.
Neben Beratung und Therapie bietet der GVS mit seiner Monatszeitschrift »partner«, seiner Fachliteratur (Liste auf Anfrage) und seiner Fort- und Weiterbildung ein breitgefächertes Präventions- und Informationsprogramm an.

Verband der **Fachkrankenhäuser für Suchtkranke** e.V., Brüder-Grimm-Platz 4, **3500 Kassel,** ☎ 0561/779351.

Bundesverband der **Elternkreise Drogengefährdeter** und —abhängiger, Westring 2, **4700 Hamm 1,** ☎ 02381/25869.
Elternkreise drogenabhängiger Jugendlicher sind Selbsthilfegruppen, in denen sich betroffene Eltern sowie andere Familienangehörige und Partner von Drogenabhängigen zusammenfinden. Man gibt dort keine Informationen über die teilnehmenden Personen und Familien weiter. Teilnehmer können auch anonym bleiben. Deshalb ist in den Elternkreisen ein offenes Gespräch, ein Austausch der Erfahrungen möglich. Die Eltern können sich von ihren oft großen Schuld- und Schamgefühlen befreien. Sie fühlen sich nicht mehr isoliert. Sie erfahren Wärme und Verständnis für ihre Situation. Sie lernen mit einem Süchtigen umzugehen. Dies alles stärkt und gibt ihnen Mut zum Leben. Es gibt Elternkreise an vielen Orten in der BRD; die Anschriften erhalten Sie auf Anfrage beim Bundesverband.

Deutsche Gesellschaft für **Suchtforschung und Suchttherapie** (DG-Sucht) e.V., Westring 2, **4700 Hamm 1,** ☎ 02381/25855.
Die Gesellschaft wurde 1978 von Fachleuten der Suchtkrankenarbeit in Berlin gegründet. Sie strebt einen Zusammenschluß der auf dem Gebiet der Suchtforschung und Suchttherapie tätigen bzw. daran interessirten Personen an. Man hat sich wissenschaftliche Bemühungen um die Erforschung, Erkennung, Behandlung und Vorbeugung der Ursachen und Erscheinungsformen von Abhängigkeit und Mißbrauch von psychoaktiven Substanzen (insbesondere Akohol, Drogen und Medikamente) zum Ziel gesetzt. So fördert man z.B. Forschungsprojekte und veranstaltet Fachtagungen, berät Behörden und bemüht sich um Aus-, Fort- und Weiterbildung.
Publikationsorgan ist die Zeitschrift »Suchtgefahren«. Ein regelmäßig erscheinendes »Mitteilungsblatt« dient der Kontaktpflege unter den Mitgliedern.

Deutsche Hauptstelle gegen die Suchtgefahren (DHS)

Postfach 1369, **4700 Hamm 1,** ☎ 02381/25855 + 25269.
Die Deutsche Hauptstelle ist der größte Dachverband der bundesdeutschen Suchtkrankenhilfe. In ihm haben sich

Spitzenverbände der Freien Wohlfahrt ein Organ zur Koordination der Suchthilfe und zur Interessenvertretung gegenüber Gesetzgebung und Verwaltung geschaffen.
Vordringliche Aufgaben der DHS sind deshalb auch die Kooperation mit Bundesbehörden, Sozialversicherungsträgern und anderen zentralen Organisationen sowie die Koordination der präventiven und helfenden Arbeit der Mitgliedsverbände.
Öffentlichkeitsarbeit leistet man unter anderem durch die Herausgabe von Buchreihen und Informationsbroschüren, einer eigenen Fachzeitschrift (»Suchtgefahren«), eines Pressedienstes und anderer Periodika. Weiterhin beteiligt man sich durch Veranstaltung jährlicher Fachkonferenzen und zweijährlicher Wissenschaftssymposien an der Forschungsförderung zum Problem der Suchtkrankheiten.

Selbsthilfe- und Helfergemeinschaft für **Suchtkranke**, Postfach 1667, **4700 Hamm 1**, ☎ 02381/8797-98.

Die **Heilsarmee** in Deutschland, Religionsgemeinschaft des öffentlichen Rechts, Nationales Hauptquartier, Salierring 27, **5000 Köln 1**, ☎ 0221/234747.
Die Heilsarmee ist aus dem Methodismus erwachsen, einer großen Erweckungsbewegung Englands und Amerikas und arbeitet seit 1865 in mittlerweile 85 Ländern der Erde. Evangelisation und Sozialarbeit sehen ihre Vertreter als untrennbaren Auftrag. In der BRD bestehen etwa 40 Gemeinden und 30 Heime und soziale Einrichtungen.
Die meisten Leute, die in die Tagesstätten der Heilsarmee kommen, sind obdachlos und suchtkrank (Drogen, Alkohol, Spielleidenschaft).
Die Heilsarmee bietet aus der Überzeugung des Christentums Hilfe zur Selbsthilfe an. Dies reicht von kostenlosen Speisen und kostenloser Kleiderausgabe, der Vermittlung von Unterkünften bis zu fachlichen Hilfsangeboten und der Einleitung und Begleitung von Entziehungskuren.

Blaues Kreuz in Deutschland e.V.

Postfach 201610, **5600 Wuppertal 2**, 0202/621098.
Umfassende Hilfsangebote für Suchtkranke und Angehörige, u.a. das Programm »Sinnvolle Freizeit« (Besinnungswochen, therapeutische Ferienwochen, Jugendfreizeiten u.ä.).

Suchtkrankenhilfe Frankfurt, Berliner Str. 25 (Sozialamt), **6000 Frankfurt/Main 1**, ☎ 069/2125428.

Hilfe zur Selbsthilfe Suchtkranker und Suchtgefährdeter e.V.

Postfach 102903, **6900 Heidelberg 1**, ☎ 06221/767655.
Die »Hilfe zur Selbsthilfe SuS«, ein gemeinnütziger Verein, hat sich die Förderung des Selbsthilfegedankens zum Ziel gesetzt sowie insbesondere die mildtätige und gemeinnützige Unterstützung von Suchtkranken in Form von Selbsthilfeprojekten. Ohne konfessionelle oder institutionelle Bindung bemüht sie sich, die Eigeninitiative der Betroffenen zu aktivieren und Chancen für Arbeit, Wohnung und ein suchtmittelfreies Leben aufzuzeigen. Sie unterstützt Initiativen oder Gruppen ehemals Abhängiger sowie Einrichtungen der Suchtkrankenhilfe in ihrem Bemühen um Selbsthilfe.

Gefördert werden Projekte im Bereich der **Nachsorge**, im Anschluß an ambulanten oder stationären Entzug, Therapie oder Gefängnis. Damit soll die Chance zur Re-Integration durch Maßnahmen zur Berufsausbildung, Beschäftigung und Wohnung gegeben werden.
Die »Hilfe zur Selbsthilfe SuS« unterstützt in Zusammenarbeit mit örtlichen Initiativen bundesweit eine Vielzahl von Projekten, wobei u.a. Werkstatteinrichtungen, Ausbildungshilfen, landwirtschaftliche Maschinen u.ä. bereitgestellt wurden. Ihre Arbeit steht unter dem Motto: »Folgt am Ende des Gedankens nicht die Tat, so ist alles vergebens« Laotse).

Anonyme Alkoholiker
Deutsche Kontaktstelle, Postfach 100442, **8000 München 1**, Telefonnummern über örtliches Fernsprechbuch.
Anonyme Alkoholiker sind eine Gemeinschaft von Männern und Frauen, die miteinander ihre Erfahrung, Kraft und Hoffnung teilen, um ihr gemeinsames Problem zu lösen und anderen zur Genesung vom Alkoholismus zu verhelfen.
Die einzige Voraussetzung für die Zugehörigkeit ist der Wunsch, mit dem Trinken aufzuhören.
Die Gemeinschaft kennt keine Mitgliedsbeiträge oder Gebühren, sie erhält sich durch eigene Spenden. Sie ist mit keiner Sekte, Konfession, Partei, Organisation oder Institution verbunden; sie will sich weder an öffentlichen Debatten beteiligen, noch zu irgendwelchen Streitfragen Stellung nehmen.
Hauptzweck ist es, nüchtern zu bleiben und anderen Alkoholikern zur Nüchternheit zu verhelfen (aus der Präambel der Anonymen Alkoholiker).
In den Gruppen versammeln sich Betroffene zu meist wöchentlichen Meetings unter Achtung der Anonymität um, eigene Erfahrungen mit dem Trinken, dem Aufhören und dem Leben ohne Alkohol auszutauschen. Diese reine Laien-Selbsthilfe-Organisation dürfte tatsächlich nichts weniger als die effektivste »Therapieform« gegen die Alkoholsucht überhaupt darstellen und wurde zum Grundmuster für viele andere Modelle der Konfliktlösung durch Selbsthilfe der Betroffenen (Emotions Anonymous, Overeaters Anonymous u.ä.).

Landesverband der Elternkreise für **Drogengefährdete und Drogenabhängige** in Bayern e.V., Postfach 401127, **8000 München 40**, ☎ 089/357362.

Telefon-Notruf für Suchtgefährdete e.V., Im Tal 19, **8000 München 2**, ☎ 089/22505253.

Tiermedizin

Bundesverband für **Tiergesundheit**, Roonstr. 5, **5300 Bonn 2**, ☎ 0228/352336.

Deutsche Tierärzteschaft e.V., Steubenstr. 34, **6200 Wiesbaden**, 06121/373116.

Deutsche Veterinärmedizinische Gesellschaft, Frankfurter Str. 87, **6300 Gießen**, ☎ 0641/702-4865.

Tiermedizin, alternativ

Deutsche Gesellschaft für Biologische Veterinärmedizin e.V., Nordring 9, **4750**

Unna, ☎ 02303/13004.
Die Gesellschaft ist eine Vereinigung von Tierärzten, die ihre Patienten nach biologischen Gesichtspunkten mit Naturheilmethoden behandeln. Sie umfaßt folgende Fachbereiche: Homöopathie, Akupunktur, Neuraltherapie, Magnetfeldtherapie, Ozontherapie, Zytoplasmatische Therapie, Zelltherapie, Lasertherapie, Biologische Tierernährung und Ökologie, Biologische Humoralforschung.
Fachorgan ist die »Deutsche Zeitschrift für Biologische Veterinärmedizin« (Haug Verlag, Heidelberg).

Verband der **Tierheilpraktiker** Deutschlands e.V., **7187 Schrozberg,** ☎ 07935/453.

Tierschutz

Tierversuchsgegner Norddeutschland e.V., Geschwister-Scholl-Str. 23, **2000 Hamburg 20,** ☎ 040/4604856.

Verein gegen tierquälerische Massentierhaltung e.V.

Teichtor 10, **2305 Heikendorf,** ☎ 0431/241550 + 231095.
Der Verein wurde 1973 nach Absprache mit großen Tierschutzorganisationen gegründet. In den Vorstand wurden landwirtschaftlich geschulte Fachkräfte berufen.
Die Mitglieder des Vereins verpflichten sich, einer Entwicklung entgegenzuwirken, die zu einer rücksichtslosen Ausbeutung des Nutztieres als eines »Produktionsmittels« geführt hat. Sie halten diese Entwicklung nicht nur für gefährlich im Sinne einer anzustrebenden Humanisierung der Gesellschaft, sondern auch für fragwürdig im Hinblick auf eine gesunde Ernährung der Bevölkerung und der Erhaltung der bäuerlichen Landwirtschaft.
Die Mitglieder des Vereins fordern übereinstimmend mit dem Tierschutzgesetz, daß das Tier »seiner Art und seinen Bedürfnissen entsprechend angemessen ernährt, gepflegt und verhaltensgerecht untergebracht wird«; denn die von der Regierung vorgelegten Rechtsverordnungen für Nutztierhaltung entsprechen diesen Forderungen nicht.
Dem Verein haben sich bereits 22.000 Einzelmitglieder (u.a 1.000 Lehrer und 300 Ärzte und viele Tierschutz- und Verbraucherorganisationen) angeschlossen.
Er gibt kostenlose Flugblätter und Broschüren heraus und verleiht kostenlos an Vereine und Schulen Filme und andere Medien. Außerdem unterstützt man die Einrichtung von verhaltensgerechten Tierhaltungen und gibt kostenlos eine Liste von Geschäften heraus, die Eier aus Boden- und Freilandhaltungen anbieten sowie Fleisch aus Betrieben, die die Tiere auf der Weide halten.

Arbeitsgemeinschaft Deutscher **Tierschutz** e.V., Dr.-Boschheidgen-Str. 20, **4130 Moers 1,** ☎ 02841/26473.

Arbeitsgemeinschaft für **Tier-, Natur- und Umweltschutz** e.V., Postfach 1542, **4150 Krefeld.**

Deutscher Tierschutzbund e.V.
Baumschulallee 15, **5300 Bonn 1,** ☎ 0228/631005.

Vereinigung **Ärzte gegen Tierversuche** e.V., Nußzeil 50, **6000 Frankfurt/Main 50,** ☎ 069/519411.

Tierversuchsgegner Bayern e.V., animal

2000, Hauzenberger Str. 8, **8000 München 21**, ☎ 089/527161.

Initiative gegen Tierversuche e.V.
Ludwig-Ganghofer-Str. 21, **8011 Kirchheim**, ☎ 089/9037770.
Der Verein wurde 1977 gegründet. Sein Zweck ist es, die Abschaffung der Tierversuche zu erreichen, soweit sie durch andere Methoden ersetzt oder anderweitig hinfällig werden können. Das Ziel des Vereins ist die Förderung des Tierschutzes und somit indirekt auch der Schutz des Menschen vor schädlichen Folgen der Tierversuche.
Bei der Initiative erstellt man eine Vielzahl hochinteressanter Broschüren mit umfangreichen Dokumentationen über die Veröffentlichungen zum Thema Tierversuche und zu verwandten Themen wie der vegetarischen Ernährung. Die regelmäßig erscheinenden ausführlichen Mitglieder-Informationen erfüllen den gleichen Zweck.

Bundesverband der Tierversuchsgegner e.V.
Farrnbachweg 4, **8500 Nürnberg 60**, ☎ 0911/686677.
U. a. Mitbegründer der Aktion »Anti-Gen« (siehe unter »Gentechnologie«).

Salem-Forschungs-Institut für Tier- und Naturschutz und Alternativen zum Tierversuch, **8652 Stadtsteinach**, ☎ 09225/751 + 488.
Das Institut ist eine Abteilung der gemeinnützigen Bruderschaft Salem GmbH und bemüht sich vor allem um den Abbau der Tierversuche. Man schätzt, daß weltweit jährlich 200 bis 800 Millionen Tierversuche durchgeführt werden — auch medizinisch meist von zweifelhaftem Wert, wie die Arzneimittelskandale gezeigt haben. »Wo Alternativen, kein Tierversuch« war deshalb der Wegweiser für die Aufgabenstellung des Instituts. Es wurde eine Dokumentation für Prüfmethoden ohne Tierversuche mit über 11.000 Arbeiten aufgebaut. Sie steht jedem Wissenschaftler kostenlos zur Verfügung. In den Salem-Laboratorien werden versuchstierfreie Methoden auf ihre Brauchbarkeit geprüft und entwickelt.

TIP:

Tierversuche und Kosmetik: Viele Kosmetikfirmen haben gegenüber dem Deutschen Tierschutzbund rechtsverbindlich erklärt, daß seit 1979 weder für ihre kosmetischen Produkte noch für die darin enthaltenen Rohstoffe Tierversuche durchgeführt wurden, und daß dies auch in Zukunft nicht beabsichtigt ist. Eine Liste dieser Kosmetikfirmen ist erhältlich beim **Deutschen Tierschutzbund e.V.**, Baumschulallee 15, 5300 Bonn 1, ☎ 0228/631005.

Umwelt und Gesundheit

Umweltbundesamt
Bismarckplatz 1, **1000 Berlin 33**, ☎ 030/8903-1.
1974 gegründete, selbständige Bundesbehörde (im Geschäftsbereich des Innenministeriums). Gesetzliche Aufträge sind die wissenschaftliche Unterstützung der Bundesregierung in allen Umweltfragen, Aufklärung der Öffentlichkeit, Prüfung

der Umweltverträglichkeit von Maßnahmen u.a.

Max von **Pettenkofer Institut**, Unter den Eichen 82-84, **1000 Berlin 33**, ☎ 030/8308-0.
Institut des Bundesgesundheitsamtes, zuständig für Pflanzenbehandlungs-, Schädlingsbekämpfungs- und Holzschutzmittel, Toxikologie, Chemie und Toxikologie der Lebensmittel und Bedarfsgegenstände, Chemikalienbewertung und Ernährungsmedizin.

Greenpeace e.V., Hohe Brücke 1, **2000 Hamburg 11**, ☎ 040/3612080.

PAN, Pestizide Aktion Network, Gaußstr. 17, **2000 Hamburg 50**, ☎ 040/393978.
PAN ist ein internationaler Zusammenschluß von Verbraucher-, Umwelt-, Landwirtschafts- und Dritte-Welt-Gruppen, hervorgegangen aus der Bestürzung über das Leiden zahlloser Menschen durch Pestizidvergiftungen sowie über die durch Agrochemikalien hervorgerufenen Umweltschäden.
Im Vordergrund der nationalen PAN-Arbeit stand bis Ende 1986 die Information über die Gefährlichkeit der Produktion von Pestiziden bei uns, vor allem aber in der Dritten Welt. Seit der Sandoz-Katastrophe traten, bedingt durch die starke Betroffenheit und Reaktion der Bevölkerung, hiesige Probleme der Produktion und Anwendung von Pestiziden stärker ins Blickfeld.
Schwerpunkte der Arbeit sind die Vernetzung der inzwischen 23 PAN-Mitgliedsgruppen sowie die allgemeine Öffentlichkeitsarbeit (Seminare, Pressearbeit, Kampagnen u.ä.), und gegenwärtig besonders die Propagierung von Alternativen zum chemischen »Pflanzenschutz«. Für jeden, der sich gründlicher über das Thema Pestizide informieren möchte, wird ab Frühjahr 1988 ein monatlich erscheinender »Pestizid-Brief« von PAN herausgegeben, der im Abonnement bezogen werden kann. Eine Material- und Bestelliste gibt es ebenfalls auf Anforderung.

Robin Wood e.V., Gewaltfreie Aktionsgemeinschaft für Natur und Umwelt, Postfach 102122, **2800 Bremen**, ☎ 0421/78680.
Der sehr aktive Verein hat eine Reihe von Informationsschriften zusammengestellt, u.a. »Diese Luft macht uns und unsere Kinder krank«. Ein Info-Paket ist gegen DM 5,- (Briefmarken) erhältlich.

Förderverein **Medizinische Ökologie** e.V. (FMÖ), Hauptstr. 14, **3501 Emstal 1**, ☎ 05625/5224.
Der FMÖ wurde 1983 gegründet. Unmittelbarer und ausschließlicher Zweck des politisch und wirtschaftlich unabhängigen gemeinnützigen Vereins ist es, Aktivitäten einzelner oder von Vereinigungen auf den Gebieten der Klinischen Ökologie (»Krankheiten als Allergien auf Nahrungsmittel und Umweltgifte«), der Orthomolekularen Psychiatrie (Heilung von Geisteskrankheiten durch konzentrierte Wirkstoffgaben) sowie der zytoplasmatischen Therapie (Behandlung mit Zellinhaltsstoffen nach Prof. Theurer) ideell und materiell zu unterstützen.
Der Verein veranstaltet die »Emstaler Tage für Biologische Therapien«, die sich um die Themen Ernährung, Umwelt und Krankheit drehen.

Institut für **Umweltkrankheiten**, c/o Klaus-D. Runow, Liebenzeller Str. 25, **3501 Emstal**, ☎ 05624/8061.

Deutsche **Umwelt-Aktion** e.V., Bundesgeschäftsstelle, Heinrich-Heine-Allee 23, **4000 Düsseldorf 1**, ☎ 0211/131322.

Umweltzentrum Münster e.V., Scharnhorststr. 57, **4400 Münster**, ☎ 0251/521112.
Das UWZ ist ein Laden, in dem Informationen zu folgenden Themen zu finden sind: Gesundheit + Naturheilkunde, Chemie im Haushalt und chemische Verschmutzung unserer Umwelt, Wasser- und Luftverschmutzung, Biotop- und Artenschutz, Alternative Landwirtschaft, Atomindustrie und Widerstand dagegen, Alternativenergie, Antimilitarismus und »3. Welt«, Frauenunterdrückung und Widerstand dagegen, Computerisierung und Überwachungsstaat, Kriminalisierung sozialer Bewegungen.
Während der Geschäftszeiten sind nicht nur Bücher und Broschüren erhältlich (Archivumfang ca. 2000 Titel und 150 Zeitschriften), das UWZ ist auch ein Treffpunkt für Gruppen und Einzelpersonen, die an den obengenannten Themen mitarbeiten wollen.

Landesverband Bürgerinitiativen Umweltschutz, c/o Joachim Spangenberg, Große Telegraphenstr. 1, **5000 Köln**, ☎ 0211/216870.
Der Landesverband stellt für Bürgerinitiativen in Nordrhein-Westfalen einen mobilen Meßwagen zur Verfügung, mit dessen Hilfe Luftschadstoffe (Schwefeldioxid, Stickoxide, Kohlenmonoxid, Schwefelstaub und Ozon) kontrolliert werden können.

Arbeitsgemeinschaft für **Umweltfragen** e.V., Matthias-Grünewald-Str. 1-3, **5300 Bonn 2**, ☎ 0228/375005.

BUND für Umwelt und Naturschutz Deutschland e.V.
Im Rheingarten 7, **5300 Bonn**, ☎ 0228/462084.

BBU — Bundesverband Bürgerinitiativen Umweltschutz
Friedrich-Ebert-Allee 120, **5300 Bonn 1**, ☎ 0228/233099.

Deutscher Bund für **Lebensschutz**, Bundesverband, Georgenborn, Weiherstr. 29, **6229 Schlangenbad**, ☎ 06129/8747.

Arbeitsgemeinschaft **Umweltkontrolle** e.V., Schlesienring 4, **6368 Bad Vilbel**, ☎ 06101/85128.

Georg Michael Pfaff Gedächtnisstiftung, Eisenbahnstr. 28-30, **6750 Kaiserslautern**, ☎ 0631/61776.
Die Stiftung fördert wissenschaftliche Vorhaben in den Bereichen Bildung und Gesundheit, insbesondere auf dem Gebiet gesunder Lebensführung und der Erhaltung und Wiederherstellung gesunder Lebens- und Umweltbedingungen. Dies erfolgt u.a. durch die Zeitschrift »Ökologische Konzepte« (gegenwärtig erscheinen zwei Hefte im Jahr).
In der Schriftenreihe »Alternative Konzepte«, die zusammen mit der Stiftung Ökologischer Landbau und der Stiftung Mittlere Technologie herausgegeben wird, werden wichtige Studien zur Bewältigung gegenwärtiger und zukünftiger Probleme veröffentlicht (einzelne Buchtitel sind z.B. »Waldschäden durch Radioaktivität?«, »Pestizidkranke Pflanzen«, »Ökologische Müllverwertung«; die Bücher erscheinen im Verlag C. F. Müller, Karlsruhe).

Deutsche Gesellschaft für **Umweltmedizin**, Freiburger Str. 3, **7824 Hinterzarten**.
Nahrungsmittelallergien und Umwelt-

gifte können die Ursache von vielen Beschwerden sein (versteckte Überempfindlichkeitsreaktionen), und die Zahl der Menschen, die über unspezifische Beschwerden wie z.B. Schlaflosigkeit oder Hautstörungen klagen, wächst ständig. Diesen Phänomenen widmet sich die neue medizinische Richtung der »Klinischen Ökologie«, deren Erkenntnisse die Gesellschaft für Umweltmedizin in der Öffentlichkeit bekanntmachen möchte.

Schadstoffuntersuchungen und Beratung:

Bremer **Umweltinstitut** e.V., Wielandstr. 25, **2800 Bremen,** ☎ 0421/76078.

Meßstelle für **Arbeits- und Umweltschutz** e.V. (MAUS), Universität Bremen, Prof. Dr. Jens Scheer, Postfach 330440, **2800 Bremen,** ☎ 0421/218-2214 + 2433.

Gruppe Ökologie, Institut für ökologische Forschung und Bildung e.V., Immengarten 31, **3000 Hannover 1,** ☎ 0511/6963130.

IFUA, Institut für **Umwelt-Analyse** e.V., Eckendorfer Str. 10, **4800 Bielefeld 1,** ☎ 0521/321241.

Institut für **Ernährungs- und Lebensmittelwissenschaft**, Dipl., oecotroph. Michael Pickel, Gleuelerstr. 286, **5000 Köln 41,** ☎ 0221/438747.

Katalyse

Institut für angewandte Umweltforschung e.V., Engelbertstr. 41, **5000 Köln 1,** ☎ 0221/235963.

In der »Katalyse« arbeiten seit 1978 Naturwissenschaftler verschiedener Fachrichtungen an aktuellen Fragen des Umwelt- und Verbraucherschutzes. Die Arbeitsergebnisse werden der Öffentlichkeit in allgemeinverständlicher Form zugänglich gemacht. Dies geschieht durch Informationsveranstaltungen, Herausgabe von Büchern (bekannteste Titel: »Chemie in Lebensmitteln« und »Chemie im Haushalt«), Boschüren und der »Katalyse-Nachrichten« (vier Ausgaben pro Jahr), durch Beiträge in Funk und Fernsehen sowie durch Beantwortung schriftlicher und telefonischer Anfragen. Für telefonische Auskünfte stehen die Mitarbeiter Mo-Fr von 10 bis 12 Uhr (außer Di) und von 14 bis 16 Uhr zur Verfügung.

Battelle-Institut e.V., Am Römerhof 35, **6000 Frankfurt/Main 90,** ☎ 069/79080. Wissenschaftliches Forschungsinstitut. Auftraggeber: Industrie, Regierungsstellen, Behörden und Verbände.

IFEU, Institut für **Energie- und Umweltforschung**, Im Sand 5, **6900 Heidelberg,** ☎ 06221/12956 + 10101.

Öko-Institut für angewandte Ökologie e.V.

Hindenburgstr. 20, **7800 Freiburg,** ☎ 0761/36439.

Institut für **ökologische Chemie** e.V., Königstr. 125, **8510 Fürth,** ☎ 0911/745051.

Urlaub

Spezial-Reiseveranstalter (Auswahl):

Jumbo-Reisen für **Diabetiker** e.V., Hermannstr. 4, **4900 Herford,** ☎ 05221/58092.

Verein **Urlaubsdialyse**, Pupinweg 5, **6100 Darmstadt,** ☎ 06151/82500.

ChessOrg, Hoffmann Reisen, Postfach 1568, **6620 Völklingen,** ☎ 06898/62022. (Kneipp-Kreuzfahrten).

Reisen für Behinderte, BSK, **7109 Krautheim,** ☎ 06294/680.

Institution Ganymed, Mettenbergstr. 35, **7200 Tuttlingen-Möhringen,** ☎ 07462/7982.
(Lebensreform, Naturheilkunde, vegetarische Kost).

Grieshaber Reisen, Postfach 1769, **8958 Füssen/Allgäu,** ☎ 08362/4007.
Urlaub mit Vollwertkost (Kreuzfahrten).

Reisen in die 3. Welt

Tropeninstitute:

Landesinstitut für Tropenmedizin, Königin-Elisabeth-Str. 32, **1000 Berlin (Charlottenburg),** ☎ 030/3032870.
Bernhard-Nocht-Institut für Schiffs- und Tropenkrankheiten, Bernhard-Nocht-Str. 74, **2000 Hamburg (St. Pauli),** ☎ 040/311021.
Institut für Tropenhygiene, Im Neuenheimer Feld 324, **6900 Heidelberg,** ☎ 06221/562905.
Tropenmedizinisches Institut der Universität, Wilhelmstr. 31, **7400 Tübingen,** ☎ 07071/292364.
Institut für Infektions- und Tropenmedizin, Leopoldstr. 5, **8000 München 40,** ☎ 089/333322.

TIP:

Einen umfassenden Überblick zum Thema *Gesundheitsurlaub* vermittelt das **Handbuch für den gesunden Urlaub. Vollwertig speisen auf Reisen** (144 Seiten, DM 12,-). Hier findet man etwa 600 Anschriften von Hotels, Restaurants und Pensionen, die im deutschsprachigen Raum Urlaub mit Bio-Kost anbieten. Dazu gibt es Anregungen zu »Aktiv-Ferien« (Seminare, Weiterbildung, Hobby) und eine übersichtliche Beschreibung der vielfältigen alternativen Kostformen. Das Handbuch ist erhältlich bei: VGG, Postfach 1116, 7254 Hemmingen.

Ein bemerkenswert umfassendes Gesundheitsangebot bietet das **Gesundheitszentrum Haus Margeritenhof** (Eichenweg 1, 8213 Aschau im Chiemgau, ☎ 08052/1522): nämlich je nach den Bedürfnissen des Gastes als Restaurant mit vorzüglicher Vollwertkost, als Urlaubspension oder als Therapieeinrichtung für Körper (Naturheilweisen, aktive Schmerzbekämpfung) und Seele (Psychosomatik, Tiefenpsychologie).

Verbraucher

Verbraucherzentralen:

Verbraucherzentrale Berlin, Bayreutherstr. 40, **1000 Berlin 30,** ☎ 030/240251.

Verbraucherzentrale Hamburg, Große Bleichen 23, 2000 Hamburg 36, ☎ 040/35001485.
Aufgabe des Vereins ist es, die Verbraucher im Wirtschaftsalltag durch Beratung, Rechtsbesorgung und allgemeine Aufklärung zu unterstützen und zu vertreten. Spezielle Schwerpunkte sind: **Rechtsberatung/Beschwerden** (☎ 040/35001481), **Einkaufsberatung/Haushalt** (☎ 040/35001482), **Ernährungsberatung** (☎ 040/35001483), **Energieberatung/Heizkosten** (☎ 040/35001484), **Patientenberatung** (☎ 040/35001486), **Umwelt-**

beratung (☎ 040/341111).

Verbraucherzentrale Schleswig-Holstein, Bergstr. 24, **2300 Kiel**, ☎ 0431/51286/87.

Verbraucherzentrale Bremen, Katharienenklosterhof 1-3, **2800 Bremen 1**, ☎ 0421/320565.

Verbraucherzentrale Niedersachsen (VZN), Georgswall 7, **3000 Hannover 1**, ☎ 0511/12406-0.

Die VZN besteht sein 1957 und ist ein gemeinnütziger Verein. Ziel ist es, die Stellung der Verbraucher am Markt gegenüber dem Handel und den Herstellern zu stärken und eine ausreichende, durchschaubare, umweltgerechte und preislich faire Versorgung mit Gütern und Dienstleistungen sicherzustellen. Dazu bedarf es gut informierter, kritischer, selbstbewußter und solidarischer Konsumbürger. Neben Reklamations- und Rechtsberatung (vor allem Haushaltstechnik und Warenkunde) gilt ein wichtiges Augenmerk der Gesundheit. Hier soll beispielsweise die Ernährungsberatung gewährleisten, daß eine bessere Kost zu niedrigeren Preisen auf den Tisch kommt.

Die VZN unterhält in 39 Städten des Landes Beratungsstellen (sie können unter dem Stichwort »Verbraucherberatung« dem Telefonbuch entnommen oder bei der Zentrale erfragt werden).

Außerdem kann eine umfangreiche Literaturliste mit informativen Broschüren (Umwelt, Gesundheit, Wohnen u.ä.) angefordert werden.

Verbraucherzentrale Nordrhein-Westfalen, Mintropstr. 27, **4000 Düsseldorf 1**, ☎ 0211/3809-0.

Verbraucherzentrale Hessen, Berliner Str. 27, **6000 Frankfurt/Main 1**, ☎ 069/280701.

Zu den Aufgaben der Verbraucher-Zentrale Hessen gehört es, für den Schutz und für die Interessen der Verbraucher einzutreten. Im Bereich der »Gesundheit« betrifft dies vor allem den Bereich der Ernährungsberatung, wobei der Interessent Auskunft über alle relevanten Fragen erhält, und zwar zu vollwertiger Ernährung, Qualität von Lebensmitteln, Rückständen in unserer Nahrung oder geeignete Vorratshaltung.

Der Verbraucherzentrale angeschlossen sind Beratungsstellen in Kassel, Rüsselsheim, Darmstadt, Erbach, Wiesbaden, Gießen, Fulda und Hanau (Anschrift, Telefon bitte aus örtlichem Fernsprechbuch entnehmen).

Verbraucherzentrale Rheinland-Pfalz, Große Langgasse 16, **6500 Mainz 1**, ☎ 06131/232037.

Verbraucherzentrale Saarland, Hohenzollernstr. 11, **6600 Saarbrücken 1**, ☎ 0681/52049.

Verbraucherzentrale Baden-Württemberg, Augustenstr. 6, **7000 Stuttgart 1**, ☎ 0711/610923.

Verbraucherzentrale Bayern, Haydnstr. 7, **8000 München 2**, ☎ 089/539187-88.

Stiftung Verbraucherinstitut, Reichpietschufer 74-76, **1000 Berlin 30**, ☎ 030/2549020.

Stiftung Warentest

Lützowplatz 11-13, **1000 Berlin 30**, ☎ 030/26311.

A.U.G.E. e.V., Aktionsgemeinschaft Umwelt, Gesundheit, Ernährung, Sillemstr. 36, **2000 Hamburg 20**, ☎ 040/402697.

Ziel des Vereins ist es, dem Verbraucher (Haushalt, Kommunale Verwaltung, Schule etc.) durch individuelle Beratung vor Ort praktische Hinweise zum vorbeugenden Umwelt- und Gesundheitsschutz zu vermitteln.

Ökologische Verbraucherberatung e.V., Bismarckstr. 109, **4100 Duisburg 1,** ☎ 0203/372170.

Arbeitsgemeinschaft der Verbraucherverbände (AgV)

Heilsbachstr. 20, **5300 Bonn 1,** ☎ 0228/641011.

Die AgV e.V. ist Dachverband der deutschen Verbraucherorganisationen mit 32 Mitgliedsverbänden, darunter die elf Verbraucherzentralen der Bundesländer.

Ihre Hauptaufgabe ist die Vertretung der Verbraucherinteressen gegenüber Politik und Wirtschaft sowie die Aufklärung der Verbraucher. Die AgV setzt sich bei Gesetzgeber und Verwaltung für die Verbraucherinteressen ein. Sie koordiniert die Tätigkeit der beratenden Mitgliedsorganisationen und fördert die Information und Aufklärung der Verbraucher.

Themen im einzelnen sind: Verbraucherrecht, Agrar-, Ernährungs- und Gesundheitsfragen, Umweltschutz, Energieeinsparung, Geld, Kredit und Versicherung.

Die AgV wirkt bereits seit 30 Jahren im Interesse von Verbrauchern und Umwelt.

Interessenten erhalten auf Wunsch eine umfangreiche Liste der AgV-Publikationen (regelmäßige Veröffentlichungen, Zeitschrift »Verbraucher Rundschau«, Kurzschriften).

Die Verbraucher Initiative e.V.

Postfach 1746, **5300 Bonn 1,** ☎ 0228/659044.

Die Initiative wurde 1985 gegründet und versteht sich als Interessenvertretung ökologisch bewußter Verbraucher und Verbraucherinnen: es geht um eine bessere Umwelt- und Gesundheitspolitik — aber auch um ein anderes Konsumverhalten.

Der Schutz der Umwelt fängt in den eigenen vier Wänden an. Und die Ursachen der Armut der 3. Welt beginnen im Supermarkt um die Ecke mit seinen Billigstpreisen.

Die wichtigsten Arbeitsbereiche der Initiative sind: 1. Aktion »Gesünder Essen«; 2. Gesünder Wohnen; 3. Solidarische Welt, 4. Umwelt schützen. Schließlich will man zur schlagkräftigen Lobby für Verbraucher werden, um ein Gegengewicht zur Übermacht von Industrie und Handel zu schaffen.

Mitglieder erhalten kostenlose Beratung in Ernährungsfragen, das monatliche »Verbraucher Telegramm« und zusätzlich sechsmal im Jahr die Mitgliedszeitschrift »Consum Critik«.

In Zusammenarbeit mit namhaften Instituten führt die Initiative für die Mitglieder preisgünstige Schadstoffuntersuchungen von Lebensmitteln, Raumluft oder Böden durch.

Arbeitsgruppe für Verbraucherfragen, Schützenstr. 18, **7000 Stuttgart 1,** ☎ 0711/247046.

Tip:

Wöchentlich wechselnde aktuelle Verbrauchertips sind über den automatischen Ansagedienst der Verbraucherzentralen zum Ortstarif überall in der Bundesrepublik abzurufen, und zwar unter der Rufnummer: **(0) 11606**.

Verdauungsleiden

CED-Hilfe e.V., Georg Tecker, Telemannstr. 7, **2000 Hamburg 20**.
Hilfe bei chronisch entzündlichen Darmerkrankungen, Gemeinschaft Betroffener mit Morbus Crohn und Colitis ulcerosa.

Deutsche Gesellschaft zur Bekämpfung der Mukoviszidose e.V., Adenauerallee 11, **5300 Bonn 1,** ☎ 0228/221535/36.
Mukoviszidose ist eine schwere Störung der Verdauungs- und Atmungsorgane. Häufig auftretende Lungenentzündungen gefährden dabei das Leben der Kinder. Die Verdauungsstörungen mit einer unzureichenden Ausnutzung der Nahrung verhindern ein normales Gedeihen. Die Behandlung besteht in der Gabe von Medikamenten gegen Lungeninfektionen, regelmäßige Inhalationen und Klopfdrainagen sind nötig. Die Kinder müssen ständig verdauungsfördernde Präparate bekommen.
In der BRD leben etwa 4.000 Patienten mit einer Mukoviszidose. Jährlich werden etwa 400 Kinder mit dieser Krankheit geboren.
Unterstützt wird der Verein von der **Mukoviszidose-Hilfe** e.V., Tulpenstr. 50, **7053 Kernen 1,** ☎ 07151/41048.

Deutsche Gesundheitshilfe »**Magen + Darm**«, Postfach 940303, **6000 Frankfurt/Main,** ☎ 069/7894747.

Deutsche Zöliakie-Gesellschaft e.V.

Filderhauptstr. 61, **7000 Stuttgart 70,** ☎ 0711/454514.
Die Zöliakie, bei Erwachsenen auch Sprue genannt, ist eine Erkrankung des für die Nahrungsaufnahme verantwortlichen Dünndarms. Sie ist als lebenslange Unverträglichkeit des Klebers (Gluten) der Getreidesorten Weizen, Hafer, Gerste und Roggen definiert. Das Gluten führt zu schweren Schädigungen der Dünndarmschleimhaut. Dadurch kommt es zu zahlreichen ernährungsabhängigen Mangelzuständen. Die einzige Therapie besteht in einer strengen und ständig glutenfreien Ernährung.
Die Deutsche Zöliakie-Gesellschaft besteht seit 1974.
Als Hauptaufgaben erachtet man: die Aufstellung glutenfreier Lebensmittel, Rezeptsammlung glutenfreier Gerichte und Backwaren, regelmäßiger Erfahrungsaustausch der Betroffenen untereinander, Zusammenarbeit mit der Lebensmittelindustrie und der Gastronomie, Kooperation mit Ärzten, Krankenkassen und Behörden sowie die Aufklärung der Öffentlichkeit über die Zöliakie- bzw. Sprueproblematik.

DCCV — Deutsche Morbus Crohn/ Colitis ulcerosa Vereinigung e.V.

Bundesverband für entzündliche Erkrankungen des Verdauungstraktes, Schwabstr. 68, **7400 Tübingen,** ☎ 07071/21351.
Chronisch entzündliche Darmerkrankungen äußern sich u.a. oft durch quälende Bauchschmerzen, manchmal blutige Durchfälle und entzündliche Begleiterscheinungen an Augen, Haut und Gelenken.
Die DCCV ist eine 1982 von Patienten gegründete Interessengemeinschaft von Betroffenen mit derzeit schon über 2.000 Mitgliedern.

Ihre Hauptaufgaben sind Information und Beratung Betroffener, Angehöriger und Therapeuten. Dabei werden Kontakte zu Ärzten, Kliniken, Selbsthilfegruppen vermittelt. Schriftliches Informationsmaterial liegt vor. Die Verbandszeitschrift »Bauchredner« erscheint 4 mal im Jahr und informiert u.a. über medizinische und sozialrechtliche Neuerungen. Die Öffentlichkeitsarbeit versucht, die Krankheiten bekannter zu machen und Betroffene aus ihrer Isolation zu holen. Ein weiteres wichtiges Ziel ist die Förderung der Erforschung der noch unbekannten Krankheitsursachen und der Entwicklung besserer Therapiemöglichkeiten. Hierzu wird derzeit ein ärztlicher Beirat aufgebaut.

Deutsche Gesellschaft für **Verdauungs- und Stoffwechselkrankheiten**, Ismaninger Str. 22, **8000 München 80.**

Deutsche ILCO e.V.

Deutsche Ileostomie/Colostomie/Urostomie Vereinigung, Kepserstr. 50, **8050 Freising,** ☎ 08161/84909, 84911.

Die Vereinigung für Menschen mit künstlichem Darmausgang oder künstlicher Harnableitung (Stomaträger) besteht seit 1972. Die Organisation und die Durchführung der Aufgaben des Bundesverbandes (gegenwärtig bestehen 6 Landesverbände und 62 Regionalgruppen mit 140 regelmäßigen Treffen im Bundesgebiet) werden von Betroffenen und deren nahen Angehörigen geleistet. Bei der Bewältigung des schwerwiegenden Eingriffs hilft die Deutsche ILCO durch Beratung, seelische Unterstützung, Erfahrungsaustausch, schriftliche Information und Vertretung der gemeinsamen Interessen. Dies geschieht in enger Zusammenarbeit mit den einschlägigen Fachleuten.

ILCO-Angebote sind: regelmäßige Gruppentreffen, Informationsveranstaltungen, Besucherdienst, Beratungsstellen, die Zeitschrift »ILCO-Praxis« (4 Hefte im Jahr, Jahresabo DM 20,-, für Mitglieder kostenlos), Informationsschriften. Eine ausführliche Adreßliste mit Kontaktpersonen, medizinischen Beratungsstellen, Veranstaltungen etc. liegt bei der Deutschen ILCO vor.

Vergiftungen

Informationszentralen für Giftnotfälle:

Beratungsstelle für Vergiftungserscheinungen, Universitätskinderklinik, Heubnerweg 6, **1000 Berlin 19,** ☎ 030/3023022.

Klinikum Charlottenburg, Spandauer Damm 130, **1000 Berlin,** ☎ 030/3035466 + 2215436.

Krankenhaus Barmbek, Rübenkamp 148, **2000 Hamburg,** ☎ 040/6385345.

Universitätsklinik, Schittenhelmstr. 12, **2300 Kiel,** ☎ 0431/5974268.

Zentralkrankenhaus, St.-Jürgen-Straße, **2800 Bremen,** ☎ 0421/4975268 + 4973688.

Marienhospital, Hauptkanal rechts 75, **2990 Papenburg,** ☎ 04961/831.

Städtisches Klinikum, Salzdahlumer Str. 90, **3300 Braunschweig,** ☎ 0531/62290.

Universitäts-Kinderklinik, Humboldtallee 38, **3400 Göttingen,** ☎ 0551/396239-41.

Mobiles Gegengift-Depot, Berufsfeuerwehr, Brücktorstr. 30, **4200 Oberhausen,** ☎ 0280/8851 bzw. innerhalb des Ortsnetzes Notruf ☎ 112.

Medizinische Klinik und Poliklinik, Domagkstr. 3, **4400 Münster,** ☎ 0251/836188 + 836245.

Universitäts-Kinderklinik, Informationszentrum für Vergiftungsunfälle, Adenauerallee 119, **5300 Bonn,** ☎ 0228/213505.

Städtisches Krankenhaus, Koblenzer Str. 115-155, **5400 Koblenz,** ☎ 0261/499648.

II. Medizinische Klinik der Universität, Langenbeckstr. 1, **6500 Mainz,** ☎ 06131/232466.

Universitäts-Kinderklinik, **6650 Homburg/Saar,** ☎ 06841/162846.

Städtische Krankenanstalten, Bremserstr. 79, **6700 Ludwigshafen,** ☎ 0621/503431.

Universitäts-Kinderklinik, Mathildenstr. 1, **7800 Freiburg,** ☎ 0761/2704361.

Giftnotruf München, Medizinische Klinik rechts der Isar, Ismaninger Str. 22, **8000 München,** ☎ 089/41402211.

Städtisches Klinikum, Flurstr. 17, **8500 Nürnberg 5,** ☎ 0911/3982451.

Versicherungsträger

Rentenversicherung:

Bundesversicherungsanstalt für Angestellte (BfA), Ruhrstr. 2, **1000 Berlin 31,** ☎ 030/8651.

Landesversicherungsanstalten:

1000 Berlin 19 (Messedamm 1-3, ☎ 030/30021); **2000 Hamburg 60** (Überseering 10, ☎ 040/63811); **Schleswig-Holstein** (Kronsforder Allee 2-6, **2400 Lübeck,** ☎ 0451/53001); **Oldenburg-Bremen** (Huntestr. 10, **2900 Oldenburg,** ☎ 0441/2331); **Hannover** (Lange Weihe 2, **3014 Laatzen 1,** ☎ 0511/8291); **3300 Braunschweig** (Kurt-Schumacher-Str. 20, ☎ 0531/70061); **Rheinprovinz** (Königsallee 71, **4000 Düsseldorf 1,** ☎ 0211/38011); **Westfalen** (Gartenstr. 194, **4400 Münster,** ☎ 0251/2081); **Hessen** (Städelstr. 28, **6000 Frankfurt/Main70,** ☎ 069/60521); **Saarland** (Martin-Luther-Str. 2-4, **6600 Saarbrücken,** ☎ 0681/30930); **Rheinland-Pfalz** (Eichendorffstr. 4-6, **6720 Speyer,** ☎ 06232/171); **Württemberg** (Adalbert-Stifter-Str. 105, **7000 Stuttgart 40,** ☎ 0711/8481); **Baden** (Gartenstr. 105, **7500 Karlsruhe,** ☎ 0721/81911); **Oberbayern** (Thomas-Dehler-Str. 3, **8000 München 83,** ☎ 089/67811); **Niederbayern-Oberpfalz** (Am Alten Viehmarkt 2, **8300 Landshut,** ☎ 0871/811); **Unterfranken** (Friedenstr. 14, **8700 Würzburg,** ☎ 0931/8021); **Schwaben** (An der Blauen Kappe 18, **8900 Augsburg 1,** ☎ 0821/31081).

Gesamtverband **Landwirtschaftlicher Alterskassen,** Seißensteinstr. 72, **3500 Kassel,** ☎ 0561/30811.

Bundesknappschaft, Pieperstr. 18-28, **4630 Bochum 1,** ☎ 0234/7781.

Versorgungsamt des Bundes und der Länder, Hans-Thoma-Str. 19, **7500 Karlsruhe 1,** ☎ 0721/1550.

Krankenkassen, -Versicherungen u.a.:

DAK — Deutsche Angestellten-Krankenkasse, Hauptgeschäftsstelle, Steindamm 98-106, **2000 Hamburg 1,** ☎ 040/2880-0.

Bundesverband der **Betriebskrankenkassen,** Kronprinzenstr. 6, **4300 Essen 1,** ☎ 0201/20191.

Verband der **privaten Krankenversicherungen** e.V., Postfach 511040, **5000 Köln 51,** ☎ 0228/3761064-65.

Der Verband vertritt 40 Unternehmen der

privaten Krankenversicherung. Sie verkörpern praktisch die private Krankenversicherung in der BRD einschließlich Westberlin. Im sozialpolitischen Bereich gibt der Verband fachliche Stellungnahmen ab und nimmt an Anhörungen im Gesetzgebungsverfahren teil. Er ist u.a. Mitglied der Konzertierten Aktion. Außerdem erarbeitet er für die Branche die Musterbedingungen als Rechtsgrundlage des Versicherungsvertrages.

Bundesverband der **Innungskrankenkassen,** Kölner Str. 1-5, **5060 Bergisch Gladbach 1,** ☎ 02204/440.

Verband der **Angestellten-Krankenkassen** e.V. und Verband der **Arbeiter-Ersatzkassen** e.V., Frankfurter Str. 84, **5200 Siegburg,** 02241/1081.

AOK — Bundesverband der Ortskrankenkassen, Postfach 200844, **5300 Bonn 2,** ☎ 0228/843-0.

Interessengemeinschaft gegen **Versicherungswillkür bei Gesundheitsschäden** VDV, Burbankstr. 32, **5300 Bonn 3,** ☎ 0228/484919.
Siehe unter »Patientenschutz« (Verein der Versicherungsgeschädigten e.V.).

Barmer Ersatzkasse, Untere Lichtenplatzerstr. 100-102, **5600 Wuppertal 2,** ☎ 02121/5681.

Verband Deutscher **Versicherungsträger,** Eysseneckstr. 55, **6000 Frankfurt/Main,** ☎ 069/15220.

Wohlfahrtspflege

Arbeiter-Samariter-Bund Deutschland e.V., Sülzburgstr. 140, **5000 Köln 41,** ☎ 0221/442007.

Malteser-Hilfsdienst e.V., Leonhard-Tietz-Str. 8, **5000 Köln 1,** ☎ 0221/203080.

Arbeiterwohlfahrt Bundesverband e.V., Oppelner Str. 130, **5300 Bonn 1,** ☎ 0228/6685.

Bundesarbeitsgemeinschaft der **Freien Wohlfahrtspflege,** Franz-Lohe-Str. 17, **5300 Bonn,** ☎ 0228/226-1.

Deutsches Rotes Kreuz, Friedrich-Ebert-Allee 71, **5300 Bonn 1,** ☎ 0228/5411.

Deutscher Paritätischer Wohlfahrtsverband e.V. (DPWV), Heinrich-Hoffmann-Str. 3, **6000 Frankfurt/Main 71,** ☎ 069/67061.

Deutscher Verein für **öffentliche und private Fürsorge,** Am Stockborn 1-3, **6000 Frankfurt/Main 50,** ☎ 069/58031.

Zentralwohlfahrtsstelle der Juden in Deutschland e.V., Hebelstr. 6, **6000 Frankfurt/Main 1,** ☎ 069/430206.

Diakonisches Werk der Evang. Kirche in Deutschland e.V., Stafflenbergstr. 76, **7000 Stuttgart 1,** ☎ 0711/21591.

Verein für freie Wohltätigkeit und **Wohlfahrtspflege,** Verein für private Selbsthilfe e.V., Bundesgeschäftsstelle, Olgastr. 92/II, **7000 Stuttgart 1,** ☎ 0711/644145.

Deutscher **Caritasverband** e.V., Karlstr. 40, **7800 Freiburg,** ☎ 0761/2001.

Verband Deutscher **Wohltätigkeitsstiftungen** e.V., Fuggereistr. 56, **8900 Augsburg,** ☎ 0821/39318.

Zahnmedizin

Bundesverband der Deutschen Zahnärzte, Universitätsstr. 73, **5000 Köln 41,**

☎ 0221/4001-0.

Kassenzahnärztliche Bundesvereinigung (Anschrift wie Bundesverband).

Zahnärztekammer Berlin, Georg-Wilhelm-Str. 14-16, **1000 Berlin 31**, ☎ 030/890040.

Kassenzahnärztliche Vereinigung Berlin (Anschrift wie Zahnärztekammer).

Zahnärztekammer Hamburg, Möllner Landstr. 31, **2000 Hamburg 74**, ☎ 040/7334050.

Kassenzahnärztliche Vereinigung Hamburg, Katharinenbrücke 1, Zahnärztehaus »St. Annenhof«, **2000 Hamburg 11**, ☎ 040/361470.

Zahnärztekammer Schleswig-Holstein, Westring 498, **2300 Kiel 1**, ☎ 0431/30759.

Kassenzahnärztliche Vereinigung Schleswig-Holstein (Anschrift wie Zahnärztekammer).

Zahnärztekammer Bremen, Emmastr. 220, Haus der Zahnärzte, **2800 Bremen**, ☎ 0421/220070.

Kassenzahnärztliche Vereinigung im Lande Bremen (Anschrift wie Zahnärztekammer).

Zahnärztekammer Niedersachsen, Hildesheimer Str. 35, **3000 Hannover**, ☎ 0511/853085.

Kassenzahnärztliche Vereinigung Niedersachsen, Berliner Allee 14, **3000 Hannover 1**, ☎ 0511/3493-0.

Zahnärztekammer Nordrhein, Emanuel-Leutze-Str. 8, **4000 Düsseldorf**, ☎ 0211/593063-67.

Kassenzahnärztliche Vereinigung Nordrhein, Lindemannstr. 36-42, **4000 Düsseldorf 14**, ☎ 0211/6885-0.

Zahnärztekammer Westfalen-Lippe, Auf der Horst 29, **4400 Münster**, ☎ 0251/4909-02.

Kassenzahnärztliche Vereinigung Westfalen-Lippe, Auf der Horst 25, **4400 Münster**, ☎ 0251/507-0.

Landeszahnärztekammer Hessen, Lyoner Str. 21, **6000 Frankfurt/Main 71**, ☎ 069/66070.

Kassenzahnärztliche Vereinigung Hessen(Anschrift wie Landeszahnärztekammer).

Landeszahnärztekammer Rheinland-Pfalz, Frauenlobplatz 2, **6500 Mainz**, ☎ 06131/614488.

Kassenzahnärztliche Vereinigung Koblenz-Trier, Bahnhofstr. 32, **5400 Koblenz**, ☎ 0261/38047.

Kassenzahnärztliche Vereinigung Rheinhessen, Eppichmauergasse 1, **6500 Mainz**, ☎ 06131/232005.

Kassenzahnärztliche Vereinigung Pfalz, Brunhildenstr. 1, **6700 Ludwigshafen 13**, ☎ 0621/519111-14.

Ärztekammer des Saarlandes, Abteilung Zahnärzte, Feldmannstr. 103, **6600 Saarbrücken 6**, ☎ 0681/5846084.

Kassenzahnärztliche Vereinigung Saarland (Anschrift wie Ärztekammer).

Landeszahnärztekammer Baden-Württemberg, Herdweg 50, **7000 Stuttgart 1**, ☎ 0711/292946.

Kassenzahnärztliche Vereinigung für den Reg.-Bez. Karlsruhe, Joseph-Meyer-Str. 8-10, **6800 Mannheim 1**, ☎ 0621/38000-0.

Kassenzahnärztliche Vereinigung für den Reg.-Bez. Stuttgart, Albstadtweg 11, **7000 Stuttgart 80**, ☎ 0711/78770.

Kassenzahnärztliche Vereinigung für den Reg.-Bez. Tübingen, Wilhelmstr. 133, **7400 Tübingen 1**, ☎ 07071/5601-0.

Kassenzahnärztliche Vereinigung für den Reg.-Bez. Freiburg, Schönauer Str. 4,

7800 Freiburg, ☎ 0761/49041-0.

Bayerische Landeszahnärztekammer, Fallstr. 34, **8000 München 70,** ☎ 089/724010.

Kassenzahnärztliche Vereinigung Bayerns (Anschrift wie Landeszahnärztekammer).

Zahnmedizin, alternativ

Vereinigung Demokratischer Zahnmedizin (VDZM), Siegburger Str. 26, **5300 Bonn-Beuel,** ☎ 0228/463682.

Internationale **Gesellschaft für Ganzheitliche Zahnmedizin** e.V. (GZM), Dr. P. Reichert, Durlacher Str. 81, **6800 Mannheim 81,** ☎ 0621/891286.

In der GZM haben sich Zahnärzte und Ärzte zusammengefunden, die bei der Diagnostik und Therapie von Zahnkrankheiten das Gesamtbild des Menschen und seine sonstigen Symptome berücksichtigen.

Im Gegensatz dazu sieht die heute naturwissenschaftlich orientierte Medizin und Zahnmedizin die Zähne als mehr oder weniger isolierte Gebilde an, die lediglich den Einflüssen des Mundmilieus ausgesetzt sind. Zusammenhänge mit dem Gesamtorganismus werden nicht erkannt bzw. anerkannt. Es ist Ziel und Aufgabe der GZM, nicht nur Symptome zu sehen, sondern auch die dahinterstehenden körperlichen, seelischen und geistigen Zusammenhänge aufzudecken. Karies und Parodontopathien erscheinen demnach nicht mehr als isolierte Krankheiten, sondern als Ausdruck (Symptom) einer umfassenden Erkrankung des ganzen Menschen.

Nur auf dieser Basis sind z.B. Metallunverträglichkeiten und Herdprobleme zu verstehen und erfolgreich zu behandeln. Das gleiche gilt für Fehlstellungen im Zahn- und Kieferbereich.

Neben den klassischen Disziplinen der Medizin und Zahn-Medizin gibt es viele Möglichkeiten in Diagnostik und Therapie, die unser herkömmliches (naturwissenschaftlich orientiertes) Denken ergänzen können. Dazu zählen z.B. die Homöopathie, Akupunktur und Elektroakupunktur, die Symbiose-Lenkung und Kinesiologie sowie die Funktionskieferorthopädie nach Balters.

Die GZM ist für alle diese Methoden offen und sieht ihre Aufgabe darin, in Verbindung zwischen den Lehren der Universität und dem Wissen um ganzheitliche Methoden der Zahnheilkunde neue Wege zu einem tieferen Verständnis des kranken Menschen zu zeigen.

Zahn um Zahn

Deutsche Gesellschaft für zahnärztliche **Implantologie** e.V., Parkstr. 105, **2800 Bremen 1,** ☎ 0421/346858.

Deutscher Ausschuß für **Jugendzahnpflege** e.V., Postfach 2250, **5170 Jülich,** ☎ 02461/7647.

Informationskreis **Mundhygiene und Ernährungsverhalten (IME),** Bockenheimer Landstr. 104, **6000 Frankfurt/Main 1,** ☎ 069/749293.

Aktion **zahnfreundlich** e.V., Marktplatz 5, **6100 Darmstadt,** ☎ 06151/24994.

Die »Aktion zahnfreundlich e.V.«, ein Zu-

sammenschluß von Wissenschaftlern, Vertretern der Zahnärzteschaft und weiteren in der Gesundheitsaufklärung Tätigen sowie Herstellern von Zuckerersatzstoffen bzw. von Süßwaren, wurde 1985 gegründet. Ihr satzungsmäßiger Zweck ist es, die Öffentlichkeit über die Zusammenhänge zwischen Zahngesundheit und Ernährung aufzuklären und eine zahngesunde Ernährungsweise zu fördern. Dabei geht es in erster Linie um die Vermeidung von zuckerhaltigen »Zwischenmahlzeiten«, die stark kariesfördernd sind.
Die »Aktion« verleiht das Signet »Zahnmännchen mit Schirm« an nachweislich zahnfreundliche Süßwaren.

Bayerische Landesarbeitsgemeinschaft **Zahngesundheit** (LAGZ) e.V., Fallstr. 34, **8000 München 70**, ☎ 089/7240485.

Einzige Spezial-Zahnklinik in der BRD:

Flüggenhofseeklinik, Breloher Str. 71, 3042 Munster, ☎ 05192/3121.

Zeitschriften

vital. Jahreszeiten-Verlag GmbH, Leserservice, Postfach 132105, **2000 Hamburg 13**, ☎ 040/44188314.
12 Hefte im Jahr. Einzelheft DM 3,50. Jahresabonnement DM 42,— einschl. Versand.

Anders Leben. Verlag Anders Leben e.V., Hauptstr. 5, **2730 Rhade**, ☎ 04285/1448.
6 Hefte im Jahr. Einzelpreis DM 4,-. Jahresabo DM 20,-.

Der Vegetarier, Probehefte und Druckschriften unter: Waltraut Sieburg, St. Lamberti Str. 21, **3414 Hardegsen 1**, ☎ 05503/1245.
6 Hefte im Jahr. Einzelpreis DM 4,50. Jahresabo DM 26,-.
Zeitschrift für ethische Lebensgestaltung, Vegetarismus und Lebensreform.

Mahlzeit!. Ökologische Verbraucherberatung e.V., Bismarckstr. 109, **4100 Duisburg 1**, ☎ 0203/372170.
12 Hefte im Jahr (Zeitungsformat). Kundenzeitschrift in Naturkostläden und Dritte Welt Läden. Wenn sonst nicht erhältlich, so kann die »Mahlzeit« auch im Jahresabo unter der o.a. Anschrift bezogen werden (DM 20,-).
Themen: »Alternative« Lebensmittelkunde, Naturkost, Verbraucherschutz.

CHANCEN. Für Leben, Umwelt, Technik. Heinrich Bauer Spezialzeitschriften Verlag Köln. Probehefte/Abos über CHANCEN, Leserservice, **2000 Hamburg 100**, ☎ 040/30195522.
12 Hefte im Jahr. Einzelheft DM 8,-. Jahresabo DM 72,-.

Goldene Gesundheit. Bastei-Verlag, Postfach 200160, **5060 Bergisch Gladbach 2**, ☎ 02202/1210.
12 Hefte im Jahr. Einzelheft DM 2,50. Boulevardzeitschrift, am Kiosk erhältlich.

Dr. med. Mabuse. Zeitschrift im Gesundheitswesen. Postfach 700747, **6000 Frankfurt/Main 70**, ☎ 069/7381724.
6 Hefte im Jahr. Einzelpreis DM 4,50. Jahresabo DM 25,-.
Die Zeitschrift versteht sich als Diskussionsforum der Linken und Alternativen im Gesundheitswesen. Sie berichtet über politische Aktivitäten im Gesundheitswesen, über Alternativmedizin, Ausbildungs- und Arbeitsbedingungen, Stan-

desideologie, über Medizin in der Dritten Welt, Antipsychiatrie u.v.m.

ÖKO-TEST MAGAZIN. Öko-Test Verlag GmbH & Co. KG, Mainzer Landstr. 147, **6000 Frankfurt/Main 11,** ☎ 069/ 75800531.
Abo- und Einzelbestellungen nur beim Hundertmorgen Medienversand, Postfach 2, **6107 Reinheim 1,** ☎ 06162/1674.
12 Hefte im Jahr. Einzelpreis DM 4,-. Jahresabonnement DM 44,— einschl. Versand.

Bio-Garten. Pala-Verlag, Schloßgraben 21, **6117 Schaafheim,** ☎ 06073/9548.
6 Hefte im Jahr. Einzelpreis DM 3,80. Jahresabo DM 20,-.

Schrot & Korn. Pala-Verlag, Schloßgraben 21, **6117 Schaafheim,** ☎ 06073/9548.
12 Hefte im Jahr. Einzelheft DM 0,50 (meist kostenlos abgegeben). Kundenzeitschrift in Naturkostläden.

Der Naturarzt. Access Marketing GmbH, Feldbergstr. 2, **6240 Königstein 2,** ☎ 06174/7039.
12 Hefte im Jahr. Einzelpreis DM 3,-. Jahresabo DM 36,-.
Zeitschrift für bewußtes Leben und natürliche Heilweisen.

neuform-Kurier. Zeitschrift für gesundes Leben. Deutscher Reform-Verlag, Frankfurter Landstr. 23, **6380 Bad Homburg 1,** ☎ 06172/40180.
12 Hefte im Jahr. Kundenzeitschrift im Reformhaus.

reform-rundschau. Monatszeitschrift für gesundes Leben. Verlag der reform-rundschau, Schwabe & Co., Basler Str. 2, **6380 Bad Homburg,** ☎ 06172/20801.
12 Hefte im Jahr. Kundenzeitschrift im Reformhaus.

Neue Gesundheit. Klambt-Verlag, Postfach 1545, **6720 Speyer,** ☎ 06232/3101.
12 Hefte im Jahr. Einzelheft DM 2,50. Boulevardzeitschrift, am Kiosk erhältlich.

Natürlich und Gesund. Das Magazin für Lebensfreude und gesunde Ernährung, Verlag Eberhard Cölle, Postfach 700118, **7000 Stuttgart 70,** ☎ 0711/762909. 5 Ausgaben pro Jahr + 1 Bio-Jahrbuch.
Die Redaktion von »Natürlich und Gesund« will in einer Zeit des Umbruchs an einer »besseren Welt« mitbauen helfen. Dabei hat man sich keinen fernen Utopien verschrieben, sondern sieht die Lösung der großen Gegenwartsfragen in einer naturgemäßen, an den Lebensgesetzlichkeiten ausgerichteten Lebensführung.
Der Mensch versucht heute, seine egoistischen Interessen *gegen* die Natur durchzusetzen. Er wird jedoch sein Lebensglück nur *in* und *mit* der Natur finden. Dies fängt bei den Dingen unseres persönlichen Alltags an. Beispielsweise bei der Ernährung (»Der Mensch ist, was er ißt«) oder der Medizin (»Nicht der Arzt, sondern die Natur heilt«).
Die Zeitschrift will Anstöße dazu geben, Verantwortung für die Verfassung unserer Umwelt, unserer Gesundheit, unserer menschlichen Kultur zu tragen und das »Schicksal der Erde« nicht anonymen (meist staatlichen) Einrichtungen zu überlassen.
Der Verlag verschickt 2 aktuelle Probehefte gegen Voreinsendung von DM 6,--.

besseres Leben. Magazin für natürliche Lebensführung, Verlag besser Leben, Walkersbach, Postfach 205, **7067 Plüderhausen,** ☎ 07181/74576.
6 Hefte im Jahr. Einzelpreis DM 7,50.

Jahresabo DM 40,-.

Bio. Zeitschrift für Gesundheit, Ernährung, Schönheit, Psychologie, Natur, Bio Verlag AG/Zürich, Leser-Service: Magazinpresse Verlag, Elisenstr. 3, **8000 München 2,** ☎ 089/55135-0.
6 Hefte im Jahr. Einzelpreis DM 8,-.
Zeitschrift für Gesundheit, Ernährung, Schönheit, Psychologie, Natur.

Kraut & Rüben. Das Magazin für biologisches Gärtnern und naturgemäßes Leben, BLV Verlagsgesellschaft mbH, Lothstr. 29, **8000 München 40,** ☎ 089/12705-0.
12 Hefte im Jahr. Jahresabonnement DM 40,- einschl. Versand.

natur. Das Umweltmagazin. Rignier Verlag GmbH, Ortlerstr. 8, **8000 München 70,** ☎ 089/76992-0.
12 Hefte im Jahr. Einzelheft DM 8,-. Jahresabo DM 81,60 (über: dsb Zeitschriften-Verwaltungs GmbH, Postfach 1163, **7107 Neckarsulm,** ☎ 07132/30217.

Natur & Heilen. Die Monatszeitschrift für gesundes Leben, Albert Amann Verlag/Amorbach, Informationen: Natur & Heilen, Leser-Service, Wilhelmstr. 4, **8000 München 40,** ☎ 089/398839.
12 Ausgaben im Jahr. Einzelheft DM 5,-. Jahresabonnement DM 48,— einschl. Versand.
»Natur & Heilen« ist eine unabhängige Monatszeitschrift für gesundes Leben, gegründet 1924 von Prof. Kurt Bergel. Sie wird für all jene herausgegeben, die nach Möglichkeiten naturgemäßen Lebens und Heilens suchen. Ausgehend von einer ganzheitlichen Sicht des Menschen, wird über traditionelle und neue Wege zur Gesundheit berichtet. »Natur & Heilen« will auch Anstöße und Anleitungen geben, »Natur zu heilen« — durch bewußtes Handeln im privaten und öffentlichen Bereich.

Bio spezial. Bio-Verlag Ritter GmbH, Monatshauserstr. 8, **8132 Tutzing,** ☎ 08158/8021.
6 Hefte im Jahr.

Wohnung + Gesundheit. Institut für Baubiologie + Oekologie, Holzham 25, **8201 Neubeuern,** ☎ 08035/2039.
Fachzeitschrift für ökologisches Bauen + Leben.
5 Hefte im Jahr. Einzelheft DM 10,-. Jahresabo DM 45,-.

modernes Leben — natürliches Heilen. Monatsblätter für naturgemäße Lebenspflege, Homöopathie, Naturheilkunde, Helmut Preußler Verlag, Rothenburger Str. 25, **8500 Nürnberg 70,** ☎ 0911/262323 + 267124.
12 Hefte im Jahr. Jahresabonnement DM 27,- zuzügl. Versandspesen.

Vegetarier Magazin. Halbjahresschrift für vegetarisches Leben, Hermann Häberlein, Verlag für Fachzeitschriften, Ermreuther Hauptstr. 15, **8524 Neunkirchen am Brand.**
2 Hefte im Jahr. Jahresabonnement DM 9,60 zuzügl. Versand.

Gesundheitspolitische Umschau. Albert Amann Verlag, Postfach 1240, **8762 Amorbach,** ☎ 093733031.
12 Hefte im Jahr.

Kneipp-Blätter. Zeitschrift für moderne Gesundheitsbildung, Kneipp-Verlag GmbH, Postfach 1451, **8939 Bad Wörishofen,** ☎ 08247/300260.
12 Hefte im Jahr. Jahresabonnement DM 34,80 einschl. Versand.

Register/Verweise

Lesetips für Gesundheitsbewußte

Wegweiser zur Naturmedizin

Es besteht kein Zweifel: die Naturmedizin wird ständig beliebter. »Sanfte« Heilweisen sind angesagt als Antwort auf die »bitteren Pillen« einer risikobehafteten und hochtechnisierten Medizin.
Für den Patienten, der diese sanften Wege beschreiten möchte, stellen sich jedoch viele Fragen: Wie finde ich in meiner Nähe einen Naturarzt? Was steckt hinter bestimmte Begriffen wie »Ayurvedische Medizin«, »HOT« oder »SMT«? Wo gibt es Vereine, in denen ich mich gegebenenfalls mit Gleichgesinnten in gesunder Lebensweise üben kann?

Eine praktische Orientierungshilfe bei allen diesen Problemen gibt das Verlagswerk **Naturärzte-Wegweiser** (Verlag Ganzheitliche Gesundheit). Der WEGWEISER enthält, nach Postleitzahlen geordnet, die Anschriften von weit über 2.500 Ganzheitsmedizinern. In einem »ABC der natürlichen Heilweisen« werden die erfolgreichsten Bio-Therapien vorgestellt. Hinzu kommt ein Kapitel zur naturheilkundlichen Klinikbehandlung einschließlich einer Liste von mehr als 30 Spezialkliniken. Abgerundet wird der WEGWEISER mit einer Übersicht darüber, was sich auf der »Szene« gegenwärtig tut, also mit Kurzporträts einzelner Vereine und Initiativen.
(128 Seiten, DM 12,80. Erhältlich bei: VGG, Postfach 1116, 7254 Hemmingen).

Im Falle daß ein Leiden bereits weit fortgeschritten ist und einer intensiveren, möglicherweise stationären Behandlung bedarf, bietet das neue Buch »**Biologische Klinikbehandlung & Kur**« (Verlag Ganzheitliche Gesundheit) konkrete Hilfe. In diesem Patientenratgeber werden annähernd 100 Häuser (von Krankenhäusern über Spezialkliniken, Sanatorien bis Kurheimen) vorgestellt, jeweils unter Angabe der Heilanzeigen, des naturheilkundlichen Therapiekonzeptes sowie der angebotenen Kostformen (Spezialdiäten, vegetarische Ernährung, Vollwertkost). Ein

angefügtes »Lexikon naturheilkundlicher Fachbegriffe« erläutert dabei die angesprochenen Besonderheiten (z.B. »Dauerbrause«, »Zytoplasmatische Therapie«). In einem einführenden Kapitel kommt darüber hinaus das Problem der Kostenerstattung für biologische Behandlungsweisen und Kuren zur Sprache.
(96 Seiten, DM 12,-. Erhältlich bei: VGG, Postfach 1116, 7254 Hemmingen).

Neue Erkenntnisse zu einer alten Volksarznei

Im Gefolge der Ereignisse um Tschernobyl war es vielerorts zu lesen: Brauereihefe kann als Beigabe zur täglichen Kost mit dazu beitragen, Strahlenschäden möglichst geringzuhalten. Sie vermag dies dadurch, daß sie dem Zellstoffwechsel eine Vielzahl wichtiger Baustoffe zur Reparatur des »biochemischen Unheils« aus der Pandorabüchse zerfallender Atome bereitstellt.
Bierhefe leistet jedoch noch weit mehr für unsere Gesundheit. Viele Experten halten diese Natursubstanz mit ihrem Vitamin- und Enzymreichtum beispielsweise für eine wirksame Waffe im Kampf gegen das brisante Problem der »Hirnleistungsstörungen im Alter«, Erkrankungen, die heute meist im Zusammenhang mit der gefürchteten Alzheimerschen Krankheit diskutiert werden.
Solche neuen, hochaktuellen Erkenntnisse über die alte Volksarznei Bierhefe enthält die bereits in zweiter Auflage vorliegende Schrift »**Heilen mit Bierhefe**« von Norbert Messing (Verlag Ganzheitliche Gesundheit). Hier wird in leicht lesbaren Kurzdarstellungen das Porträt einer faszinierenden Natursubstanz gezeichnet, und es wird verständlich gemacht, weshalb dem »Wundernährmittel Bierhefe«, das man einmal als »größte Entdeckung auf dem Gebiete der Ernährung« bezeichnete, in der Ernährungsmedizin so vielfältige heilende Wirkungen zugeschrieben werden, und zwar bei so verschiedenartigen Leiden wie Herz- und Gefäßkrankheiten, Leberstörungen, Diabetes und Krebs.

(32 Seiten, zahlreiche Abbildungen, DM 10,-. Erhältlich bei: VGG, Postfach 1116, 7254 Hemmingen).

Gesundheit ist möglich

In Abwandlung eines berühmten Wortes könnte man sagen: Gesunde Ernährung ist nicht alles — ohne gesunde Ernährung ist jedoch alles nichts. Oder, wie es der bekannte Mediziner K. H. Bauer formulierte: »Die Lebensmittel sind Hebelarme zum Guten oder zum Schlechten«.
Wie wir diesen äußerst wirkungsvollen Hebelarm zum Guten umstellen können, erfahren Sie in der »**Praktischen Ernährungsmedizin bei Arteriosklerose, Diabe-**

tes und anderen Zivilisationsleiden« von Norbert Messing. Das nun bereits in 3. Auflage vorliegende Buch beschreibt bedeutsame und hoffnungsvoll stimmende Erkenntnisse der medizinischen Ernährungsforschung. Denn es gibt seit langem Beweise dafür, daß sowohl Herzinfarkt und Arteriosklerose, Krebs, Stoffwechselleiden oder sog. Alterserscheinungen durch hochwertige natürliche Nahrungssubstanzen vermieden, beeinflußt und teilweise sogar geheilt werden können.

Die »Praktische Ernährungsmedizin« verbindet diese wichtigen Einsichten mit einer aktuellen Forschungsübersicht zu den großen Zivilisationsleiden unserer Zeit (56 Seiten, DM 10,50. Erhältlich bei: VGG, Postfach 1116, 7254 Hemmingen).

Konkrete Krebshilfe

Was ist Krebs? Trotz weltweiter intensiver Forschung ist es bis heute nicht möglich, darauf eine befriedigende Antwort zu geben — und dies, obgleich der Krankheitsbegriff nun schon etwa 2500 Jahre alt ist. Dennoch ist die medizinische Wissenschaft natürlich dem Problem nähergerückt. Und es gibt eine Fülle von Erkenntnissen, wie dem Leiden erfolgversprechend vorgebeugt und das Los der Erkrankten wirksamer gelindert werden kann. Hier sind es vor allem die biologischen Therapien, die optimistisch machen. Einen allgemeinverständlichen und prägnanten Überblick über diese neuesten Entwicklungen gibt das neue Buch »**Konkrete Krebshilfe**« des Kemptener Gynäkologen und Medizinpublizisten Dr. med. Günter Link. Neben vielen anderen Gesichtspunkten (z.B. Krebsentstehung, Früherkennung) geht es hier vor allem um die unterstützenden Maßnahmen, die der Krebsheilung förderlich sein können, so z.B. eine »Stoffwechselaktive Kost« (Nach Prof. J. Ries und Dr. Anemueller) in Verbindung mit wirkstoffreicher flüssiger Brauereihefe oder der Anthroposophischen Misteltherapie.

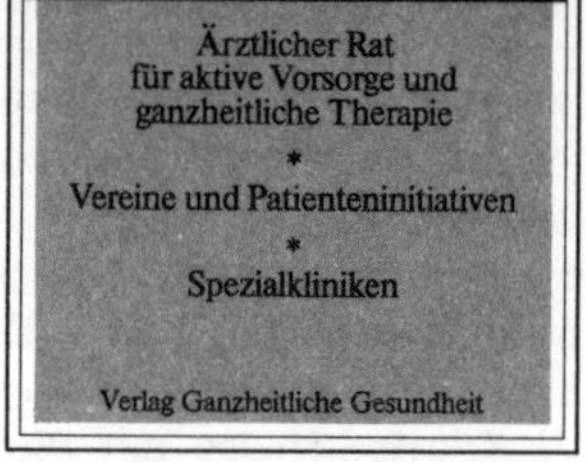

Sehr hilfreich ist auch der Anschriftenteil des Buches. Hier werden ausführlichst wissenschaftliche Gesellschaften und Selbsthilfegruppen vorgestellt, die allen

Betroffenen und deren Angehörigen mit Rat und Tat zur Seite stehen.
Der **Klinikenteil** des Buches schließlich bietet die bisher wohl umfassendste Zusammenstellung von Therapiestätten zur Behandlung der Tumorleiden überhaupt.
(48 Seiten, DM 10,-. Erhältlich bei: VGG, Postfach 1116, 7254 Hemmingen).

Handbuch für Bio-Urlauber

Wer auch im Urlaub nicht auf gesunde Ernährung verzichten will, für den gibt es einen informativen »alternativen Reiseführer«, nämlich das **Handbuch für den gesunden Urlaub**. Vollwertig speisen auf Reisen.
Das Buch enthält eine umfassende Zusammenstellung von rund 600 Urlaubsmöglichkeiten mit Vollwertkost oder vegetarischer Ernährung in Deutschland, Österreich und der Schweiz. Ein eigenes Kapitel befaßt sich mit den Möglichkeiten einer bewußten Urlaubsgestaltung (Seminare zu Umweltwissen, Ernährung, Naturheilkunde, Persönlichkeitsbildung), und eingeleitet wird das Handbuch mit einer übersichtlichen Darstellung der verschiedenen alternativen Kostformen (von Bircher-Benner bis Waerland).
(144 Seiten, DM 12,-. Erhältlich bei: VGG, Postfach 1116, 7254 Hemmingen).

Werden Sie Ihr eigener »Müller«!

Mit Vollkorn zu backen ist (wieder) »in«. Und wer wirklich etwas davon versteht, mahlt sich sein Mehl für den Kuchen- oder Brotteig selbst. Wenn auch ein wenig Nostalgie dabei ist, ein wenig Sehnsucht nach der »heilen Welt« von gestern — Ernährungswissenschaftler und Ärzte unterstützen diesen neuen Trend ohne Einschränkungen. Denn das frischgemahlene, volle Korn enthält wichtige Vitamine und Spurenelemente, die unserer Gesundheit dienlich sind.
Wer sein eigener Müller werden möchte, hat es allerdings nicht leicht. Denn es gibt inzwischen zahlreiche Getreidemühlen auf dem Markt, und die Qualitätsunterschiede sind groß.
Hier hilft das soeben in 4. Neuauflage erschienene »**Handbuch der Haushalts-Getreidemühlen**«. Diese objektive Marktübersicht vereint nicht nur 44 Mühlen in einem vergleichenden Warentest, sondern enthält darüber hinaus eine Vielzahl von Hinweisen über den richtigen Umgang mit »unseren Getreiden«.
(160 Seiten, gebunden, DM 16,80. Erhältlich bei: VGG, Postfach 1116, 7254 Hemmingen).